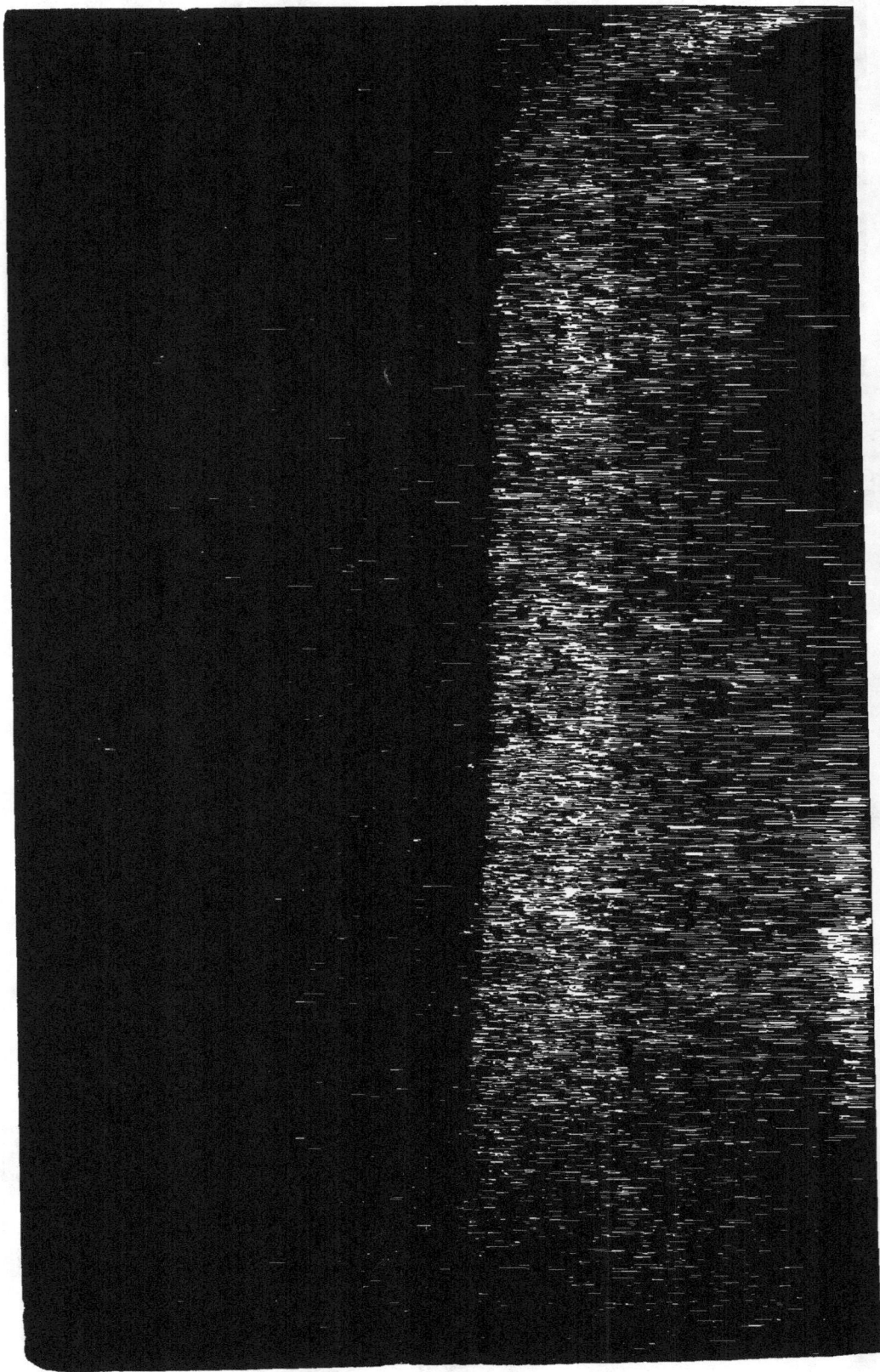

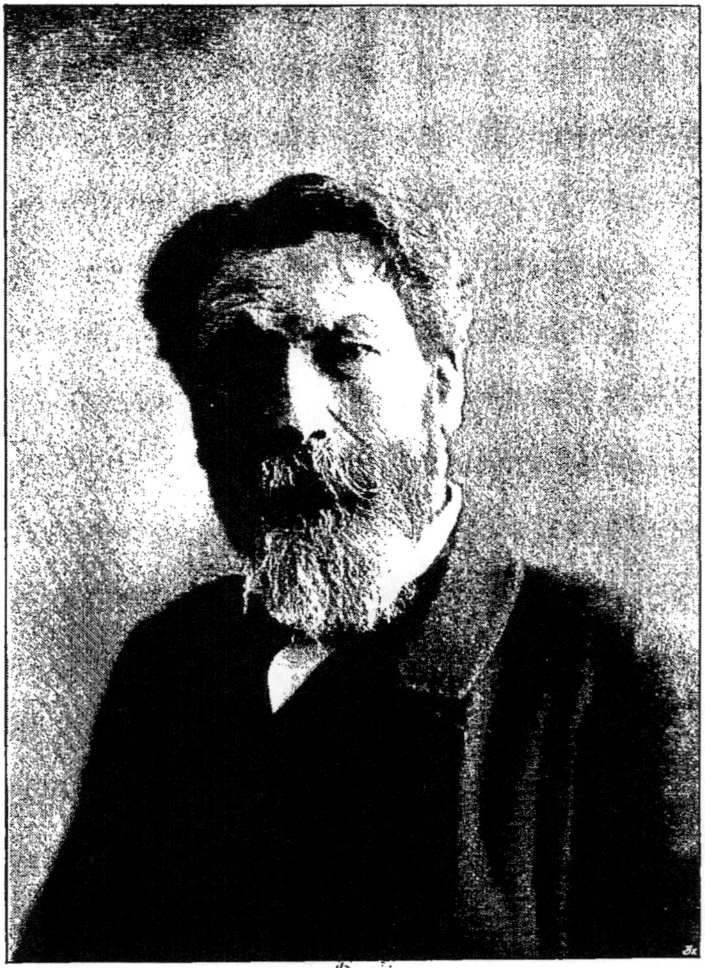

ÉVOLUTION DES PROCÉDÉS

CONCERNANT LA

SÉPARATION DE L'AIR ATMOSPHÉRIQUE

EN SES ÉLÉMENTS

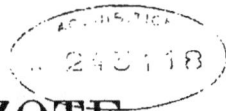

L'OXYGÈNE ET L'AZOTE

ÉTUDE CRITIQUE ET HISTORIQUE

PAR

Raoul PICTET

GENÈVE

Société Générale d'Imprimerie, Pélisserie, 18

—

1914

PREMIÈRE PARTIE

L'OXYGÈNE

ET SES

EMPLOIS INDUSTRIELS

INTRODUCTION

Depuis les belles découvertes de la fin du XVIII° siècle qui ont permis d'étudier, en l'isolant, *le gaz
oxygène*, l'importance de ce gaz dans tous les phénomènes cosmiques n'a fait que grandir.

Toutes les combustions, toutes les flammes utilisées
dans l'industrie, toutes les respirations amenant la vie,
l'alimentant, vivifiant les organismes des animaux sous
la forme des combustions lentes, sont uniquement la
résultante de l'action de l'oxygène transformant les
molécules constituant les animaux en d'autres corps
chimiques, tantôt plus complexes, tantôt plus simples
selon la place de l'étape traversée par l'être vivant
entre sa naissance et sa mort.

Ce gaz oxygène est donc un facteur puissant de chaleur, de vie, de transformation des corps sur la terre.

Il y a par ce fait un intérêt spécial à pouvoir produire ce gaz en grandes quantités, surtout pour qu'on l'obtienne à très bas prix afin d'en généraliser l'emploi dans tous les domaines de l'industrie, de l'hygiène, de la thérapeutique et tout spécialement pour rendre possible les synthèses immédiates de ce gaz soit avec l'*azote*, soit avec l'*hydrogène*.

Ces deux synthèses sont déjà réalisées d'une façon embryonnaire, dans une période de débuts, mais l'éclosion normale de ces procédés ne peut pas prendre le développement que l'on en peut attendre sans l'abondance et le bon marché de ces gaz amenés à la pureté suffisante.

On sait que les salpêtres du Chili marchent vers le déclin et que c'est uniquement aux produits synthétiques des azotates et des ammoniaques que l'on peut utilement s'adresser pour donner à l'agriculture de toutes les contrées l'aliment nécessaire, urgent pour permettre aux récoltes de nourrir les populations des villes, en employant, sans grands frais de transport, les cultures intensives dans leurs abords immédiats.

Ce que nous venons de dire prouve que les deux gaz, constituants de l'air atmosphérique, marchent de pair dans l'importance capitale de leurs emplois dans la civilisation contemporaine.

Le problème de la séparation de l'air atmosphérique en ses éléments répond donc à une demande énorme, pressante.

L'étude critique des procédés employés actuellement, ainsi que les théories physiques sur lesquelles ils reposent, demandent à être passées au crible d'une analyse exacte et minutieuse pour pouvoir préciser les *progrès accomplis* et les limites dans lesquelles les vues scientifiques, autorisent de nouveaux espoirs ou au contraire mettent un mur aux possibilités expérimentales, en établissant des barrières naturelles et logiques aux désirs légitimes et aigus de l'époque actuelle.

Nous décrirons donc d'une façon sommaire les procédés employés jusqu'ici pour séparer l'air en ses éléments, et nous nous étendrons un peu sur les caractères distinctifs et essentiels du procédé de liquéfaction de l'air atmosphérique, et de rectification de l'air liquide en insistant sur le complément fondamental de ce procédé, soit la régénération du liquide obtenu une première fois au moyen d'appareils spéciaux provoquant la liquéfaction de l'air et en fournissant de grandes quantités en remplacement de celles qui disparaissent.

Lorsque ces appareils apparus dès 1877, perfectionnés successivement pendant 22 ans, ont permis de doter l'industrie annuellement de plusieurs millions de mètres cubes d'oxygène pur, rien qu'en Allemagne, je me suis aperçu qu'une modification fondamentale dans la théorie et la construction des appareils s'imposait, j'ai remplacé le procédé de rectification et de régénération de l'air liquide, par le procédé *du moindre effort*, celui de la *dissolution de l'oxygène* dans l'*azote liquide pur* et l'application simultanée de la *régénération de l'azote liquide pur* par l'application de la *distillation fractionnée*.

Grâce à cette modification fondamentale, dont l'interprétation est facile après l'examen critique du procédé de rectification, on constate que la puissance motrice ou l'énergie nécessaire pour l'obtention de l'oxygène et de l'azote, est réduite à moins *du quart* du travail mécanique réclamé par le procédé dit de rectification.

On constate en plus qu'avec le nouveau procédé datant de 1912, on obtient avec un seul compresseur un *azote chimiquement pur* dès le début des opérations et dé l'oxygène à tous les degrés de pureté auquel on désire l'utiliser. Ces avantages découlent spontanément de la nouvelle théorie servant de base fondamentale au procédé *de dissolution*.

Nous donnerons à ce nouveau procédé le développement analytique qu'il comporte en le comparant, phase par phase, avec le procédé ancien décrit pour la première fois en 1899.

Par l'utilisation immédiate de ce procédé nouveau *de dissolution* le prix de l'oxygène est devenu si minime, que le gaz pénètre partout dans la grande industrie ; on peut aujourd'hui l'employer pour les hauts fourneaux, la fusion des quartz et terres réfractaires, le traitement des minerais de tous les métaux difficilement fusibles comme les fers au titane, les minerais de vanadium, de nickel, de platine, d'iridium, de volfram, etc., etc.

L'éclairage au moyen de l'oxygène devient le plus brillant, le plus économique et celui dont la puissance et l'éclat se rapproche incontestablement le plus de celui du jour, de celui du soleil !

Les domaines des synthèses chimiques ouvrent leurs portes à deux battants devant l'azote et l'oxygène purs et à bas prix !

Nous terminerons cette étude générale de procédés concernant spécialement l'obtention de l'oxygène et de l'azote par l'exposé d'un nouveau procédé pour obtenir *deux qualités de gaz hydrogène* : La première le gaz « *In Coelo* » servant par la parfaite pureté de cet hydrogène à satisfaire les besoins de l'*aérostation* et ceux spéciaux du traitement chimique des graisses et des synthèses ammoniacales. La seconde, le *Vulcan Gaz* soit un mélange d'hydrogène pur, d'oxyde de carbone et de méthane.

Ce « *Vulcan Gaz* » est destiné à toute l'industrie métallurgique, aux soudures autogènes pour remplacer très avantageusement l'*acétylène*. On coupera les tôles de fer et d'acier avec une remarquable facilité sans durcir en aucune façon les surfaces coupées, chose impossible avec l'acétylène, gaz endothermique.

Nous appuyerons dans cette deuxième partie de notre étude sur les lois de thermodynamique qui président à la décomposition des hydrocarbures et aussi aux différences systématiques des plus importantes dans les usages métallurgiques de l'acétylène et du Vulcan Gaz.

L'application de l'hydrogène dans ses deux formes et des considérations générales sur les synthèses des trois gaz oxygène, azote et hydrogène termineront cette étude.

Raoul PICTET.

Mars 1914.

Chapitre I

Les origines de la liquéfaction de l'air atmosphérique. — Son état actuel.

C'est en 1877 que les gaz permanents disparurent. Coup sur coup l'oxygène, l'azote, l'oxyde de carbone, l'éthylène furent liquéfiés et ramenés dans la voie commune à toutes les vapeurs qui se liquéfient.

Deux méthodes à cette époque marchaient de front :

La méthode dite des *cascades de températures* que j'employai spécialement pour obtenir et conserver de très basses températures.

Dans ce système on utilise un premier liquide volatil permettant d'atteindre une température déjà basse, comme on opère dans une machine frigorifique à compression. J'employai l'acide sulfureux anhydre SO², qui jouit de propriétés exceptionnelles dans la pratique, tout spécialement par le fait qu'on supprime tout graissage. Ainsi, les canalisations restant toujours propres et sans aucune trace de graisse, les congélations accidentelles n'obstruent aucune communication entre les organes de la machine ; le fonctionnement régulier et continu est assuré.

On se sert de ce premier abaissement de température pour condenser *dans le réfrigérant* de la machine frigorifique les vapeurs d'un liquide volatil plus actif, le protoxyde d'azote, ou l'éthylène.

Cette deuxième machine frigorifique ne se met en marche normale qu'après la première et permet d'atteindre dans le *deuxième réfrigérant* une température très basse, environ —140° à —150°, si l'on utilise un compresseur Compound faisant un grand vide dans le réfrigérant.

En opérant de la même façon avec un troisième liquide volatil, qui peut être déjà l'air atmosphérique ou l'azote pur, ou l'oxyde de carbone, et en condensant dans le deuxième réfrigérant ces gaz déjà réfractaires, on atteint les températures très basses de —190° à —230°. C'est en opérant une quatrième fois avec le gaz hydrogène agissant dans une quatrième machine frigorifique que l'on peut, comme le fit l'illustre Kamerlin-Onnes, liquéfier l'*hélium* et atteindre le pôle physique de —270°, soit trois degrés de la température absolue. Cette méthode des cascades de températures est la plus logique et la plus fertile des méthodes pour descendre dans les régions froides ! Elle a comme inconvénient le coût très grand des appareils et force les opérateurs à apporter une attention soutenue dans la surveillance des manœuvres et des conditions de marche.

C'est cette méthode que j'ai utilisée dans mon grand laboratoire de Berlin dès 1891 pour liquéfier de grandes quantités d'air liquide.

En 1894, le professeur Kamerlin-Onnes l'employa dans son institut de Leiden où il s'est illustré par ses beaux travaux.

La *seconde méthode* est dite : *liquéfaction par voie dynamique et par l'emploi de la détente.*

Ce fut **M.** Cailletet qui en fit le premier usage pour

obtenir de très basses températures pendant un instant fort court.

On comprime une masse de gaz dans un tube très résistant en verre et l'on refroidit cette masse gazeuse comprimée par le mercure.

En ouvrant plus ou moins brusquement une vanne de dégagement la masse gazeuse se détend comme un ressort et chasse le mercure au dehors.

Le travail produit par cette projection du mercure absorbe de la chaleur et la masse gazeuse subitement refroidie se condense partiellement sous forme d'un brouillard qui, très rapidement, disparaît.

Cette méthode est *suffisante* pour prouver que le gaz s'est transformé en un mélange de fines goutte-lettes tenues en suspension dans le gaz restant, mais est absolument incomplète pour étudier les propriétés elles-mêmes du liquide produit.

Ce n'est qu'en 1895 que le professeur von Linde eut la très ingénieuse idée de rendre la détente de l'air continue. L'abaissement de température obtenu est utilisé par un *échangeur* pour refroidir l'air comprimé qui se rend à la vanne de sortie.

Ainsi l'air qui s'échappe au dehors est de plus en plus froid et, dans son appareil simple et peu coûteux, von Linde utilise la formule de Joule-Thomson qui précise l'abaissement du gaz sortant en raison de la pression qu'il supporte avant et après la détente et en fonction également de sa température avant la détente.

L'appareil que von Linde décrit, dans son brevet de 1895, a été salué avec un grand enthousiasme, car il a permis l'obtention de l'*air liquide* dans tous les laboratoires des universités.

En même temps Hampson faisait une invention analogue, construisait un appareil plus simple encore et
plus pratique et qu'ou utilise partout aujourd'hui
dans les laboratoires à cause de son fonctionnement
plus sûr et surtout plus rapide que celui de von Linde.
En *dix minutes* on obtient très facilement quelques
centigrammes d'air liquide avec une machine de huit
à dix chevaux.

Ces appareils réclament des pressions de 150 à
200 atmosphères, que l'on ne peut obtenir qu'avec des
compresseurs spéciaux de construction délicate.

Dans son brevet de 1895 von Linde indique comme
une conséquence accessoire de l'obtention de l'air
liquide la possibilité d'obtenir avec cet air liquide produit, de l'oxygène à un degré de pureté relativement
faible.

Tout l'appareil produisant l'oxygène reçoit de l'air
comprimé à 200 atmosphères et cet air comprimé,
après son passage dans les appareils en fonctionnement, se rend, toujours sous la même pression,
*au-dessus de la vanne de réglage destinée à produire
l'air liquide.*

Il est donc évident que von Linde n'a eu aucune
idée quelconque de la possibilité, *à cette époque, de
régénérer sous faible pression* l'air liquide produit en
même temps qu'on le distille pour en extraire l'oxygène.

La formule de Joule-Thomson ne s'applique qu'aux
gaz *non liquéfiés*, gaz qui traversent la vanne de
décharge, et nullement aux liquides volatils eux-
mêmes.

Outre cela, comme von Linde utilise dans son appa-

reil deux compresseurs Compound, l'un à 6 atmosphères, l'autre à 200 atmosphères, il aurait pris l'air
comprimé dans la canalisation du compresseur de
6 atmosphères pour la régénération de son air liquide
et nullement à la plus haute pression de 200 atmosphères. En aucun cas il n'aurait conduit l'air sortant
sous pression des appareils à oxygène *au-dessus* de
la vanne de réglage, mais bien au-dessous et directement dans le réservoir d'air liquide.

Si j'insiste sur ces points essentiels, c'est qu'en
1902 von Linde s'est aperçu que la récupération de
l'air liquide sous faible pression est un facteur *indispensable* à l'obtention de l'oxygène à bas prix, et *alors
seulement*, il a modifié son appareil pour se rapprocher
singulièrement du mien de 1899, de trois ans plus
ancien ! Il est vrai qu'en 1900, M. von Linde avait déjà
dans une publication [1] attaqué ouvertement, comme
étant *le mouvement perpétuel*, la possibilité de faire
fonctionner normalement mon système, tout en récu-
pérant l'air liquide sous une pression constante de 2 à
3 atmosphères ! C'est ainsi qu'il critiquait mon procédé
dont il est subitement devenu le fervent disciple en
1902 !

J'appuie sur ces faits qui deviennent absolument
péremptoires lorsqu'on lit mon brevet de 1899 et
celui de von Linde de 1902, parceque dans la critique qui va suivre sur les dispositions des appareils et
les lois physiques qui régissent les procédés d'obtention
de l'oxygène par la méthode de rectification de l'air
atmosphérique liquide, je serai obligé de mettre ces

[1] Zeitschrift für comprimirte gaz. Août 1900.

deux systèmes, le mien de 1899 et celui de von Linde de 1902, sur le même plan.

Avant d'entrer dans l'exposé des appareils de rectification de l'air liquide de divers systèmes, il est nécessaire de compléter l'historique des procédés utilisés pour l'obtention de l'air liquide en grandes quantités et à bas prix.

C'est en 1852 que Werner Siemens, le fondateur de la grande maison Siemens et Halske de Berlin, eut l'idée d'utiliser la détente de l'air comprimé dans un moteur. Sa théorie était excellente, mais l'application hérissée de difficultés !

La détente adiabatique de l'air s'exerçant dans un cylindre en poussant un piston produit beaucoup de travail mécanique transmis au dehors par le volant du moteur ; la chaleur transformée en énergie abaisse énergiquement la température de l'air qui se détend et par là de la matière même du piston et des parois du cylindre.

Cet abaissement de température étant utilisé pour refroidir l'air comprimé, avant sa détente, l'air qui passe sous le piston avant la détente est déjà à une température plus basse qu'au début.

A chaque coup de piston le moteur enlève encore de la chaleur, sous forme d'énergie communiquée au dehors en travail extérieur, aussi l'abaissement de température va-t-il constamment en augmentant.

Bientôt le cylindre est à —80°, ou —100°. A ces basses températures toutes les huiles de graissage sont congelées et les presse-étoupe sont si durs et si résistants aux passages des tiges qui les traversent, que toute la machine grippe et que tous les résultats que les équations de thermodynamique faisaient concevoir comme imminents, naturels se classant par ordre d'apparition, devenaient matériellement irréalisables, les conditions de leur formation étant de fait impossibles à conserver normales.

Soit Werner Siemens, soit Ernest Solvay en 1884 durent renoncer à cette méthode pour l'obtention d'air liquide, uniquement à cause des conditions mécaniques insuffisamment préparées et étudiées.

Le principe était parfait.

En 1894 Kamerlin-Onnes fabriquait 8 à 10 litres d'air liquide par heure avec l'emploi des cascades de température.

En 1896 je fabriquai près de 120 litres d'air liquide à l'heure à l'Exposition nationale Suisse de Genève, toujours avec l'emploi de la même méthode, très dispendieuse comme prix des appareils, mais assez économique comme emploi de la force motrice.

Je disposais de deux compresseurs montés en Compound pour le premier abaissement de température à —89° par l'emploi de l'*anhydride sulfureux* SO^2.

Ces deux compresseurs employaient 16 chevaux. Le second cycle était établi par deux compresseurs Compound aspirant et comprimant les vapeurs de protoxyde d'azote.

Ces deux compresseurs employaient 52 chevaux. Au moyen des échangeurs d'échappement nous envoyions dans l'air de la salle sous forme d'un jet pulvérisé 120 kilos d'air liquide. Ces 120 kilos d'air liquide provenaient d'un compresseur à trois étages comprimant 110 mètres cubes d'air à 50 et 60 atmosphères, lequel consommait le travail de 25 à 28 chevaux.

Nous avions ainsi au moyen de ces sept compresseurs opérant simultanément un rendement d'environ 120 kilos d'air liquide avec 96 chevaux effectifs, soit environ $1^k,2$ par cheval-heure.

Ce résultat n'est atteint encore aujourd'hui par aucun autre système.

En 1902, M. Georges Claude, de Paris, construisit un moteur graissé avec des *éthers de pétrole* ou du pentane, liquide qui devient visqueux et pâteux vers — 190°, température de liquéfaction de l'air atmosphérique.

A la même date j'essayai simultanément différents moteurs pour le même objet.

Je construisis déjà en 1901 une *turbine à gaz* dont les ailettes avaient des courbes directrices spécialement calculées pour des courants d'air refroidis à — 180° et chassés à la pression de 60 atmosphères.

Ces turbines étaient dépourvues de presse-étoupes et de pistons, les frottements étaient réduits aux billes de friction qui soutenaient l'axe de rotation de la turbine.

Nous avons obtenus avec ces turbines essayées sous toutes les formes des *résultats insuffisants*.

En 1892 nous avons repris les moteurs à pistons complètement transformés :

Ils sont devenus à simple effet.

Ils n'ont plus eu de presse-étoupes.

Ils n'ont plus reçu aucun graissage autre que celui de l'air liquide lui-même et lui seul.

J'avais remarqué en 1874 que mes machines à

acide sulfureux anhydre fonctionnaient admirablement sans autre graissage que l'acide sulfureux lui-même, et cette observation nous a tout naturellement conduit à la solution cherchée.

M. G. Claude a étudié la température à laquelle on doit faire l'introduction de l'air comprimé et refroidi dans le cylindre du moteur pour obtenir le maximum de rendement.

J'ai surtout dans mon moteur adiabatique cherché les dispositions mécaniques qui permettent de régler les admissions et assurent une marche permanente et régulière qui seule autorise de bons rendements en air liquide.

Avec ces moteurs adiabatiques, qui ne sont que la réalisation mécanique des vues de Werner Siemens, on obtient couramment 500 à 800 grammes d'air liquide par heure, rendement très inférieur, comme on le voit, à celui des cascades de températures.

Pour de petites installations le rendement baisse beaucoup et ne dépasse pas souvent 200 grammes par cheval-heure.

Lorsqu'on comprime 1000 mètres cubes d'air à l'heure à 50 atmosphères, nous pouvons obtenir 175 à 180 kilos d'air liquide à l'heure.

Tel est l'état actuel de la *fabrication de l'air liquide* qui sert de matière première à tous les systèmes pour l'obtention de l'*oxygène* et de l'*azote* par la séparation méthodique de l'air atmosphérique en ses éléments.

CHAPITRE II

Obtention de l'oxygène par le procédé dit de rectification

Nous allons dans ce chapitre faire un examen théorique très serré des trois systèmes utilisés en pratique aujourd'hui, lesquels dérivent tous du procédé de 1899 avec des variantes trop faibles pour pouvoir les séparer l'un de l'autre.

Afin d'éviter des longueurs, nous représentons ces trois systèmes dans *un dessin schématique unique*.

Les trois systèmes sont ceux-ci :

1° 1899. Séparation de l'air atmosphérique en ses éléments (Raoul Pictet).

2° 1902. Séparation de l'air atmosphérique en ses éléments (von Linde).

3° 1903. Séparation de l'air atmosphérique en ses éléments (G. Claude).

Pour bien faire comprendre ces trois procédés qui paraissent identiques par leur titre, mais ne diffèrent que par le nom des inventeurs et la date des brevets déposés, il nous faut exposer la théorie de base du *procédé de rectification* employé dans ces trois systèmes.

Dès l'année 1896 où j'avais obtenu de très grandes quantités d'air liquide, je me suis occupé à imaginer

2

un appareil permettant la transformation intégrale et continue de l'air liquide en ses éléments. J'avais déjà, en 1895, fait construire une petite colonne à plateaux par la maison Escher Wyss, de Zurich. Cette colonne ne put pas être mise en fonction régulière pour répondre à la solution du problème, car elle n'était pas basée sur la régénération continue de l'air liquide. Elle était comme l'appareil de von Linde de 1895, à marche discontinue et épuisait vite sa provision d'air liquide.

C'est en allant en Amérique du Nord, en 1898, que sur le bateau, je conçus pour la première fois un système précis pour la régénération intégrale de l'air liquide et la séparation méthodique de ses éléments azote et oxygène.

Voici les vues générales de ce procédé qui ont servi de base au brevet de 1899, déposé à New-York, en décembre, et qui fut le premier en date dans ce domaine.

Etablissons d'abord les phénomènes et les lois physiques qui sont nécessaires pour construire tout appareil destiné à la séparation des liquides mélangés en leurs constituants.

Nous trouvons ces lois et ces préceptes dans deux brevets de 1880 et 1881 qui protègent une série de dispositions de colonnes à rectifier l'alcool sous basses températures ainsi que la séparation des liquides mélangés, quelle que soit du reste leur nature, ou leur pouvoir volatil.

Les mélanges d'alcool et d'eau se séparent d'une façon à peu près complète par une rectification obtenue

---

[1] Brevet allemand 16512 du 21 décembre 1880, breveté aussi en France.

bien au-dessous des températures normales, lesquelles à cette époque étaient $+ 79°,5$ et $+ 100°$.

Au moyen d'appareils frigorifiques et du vide, j'obtenais un coulage abondant d'alcool presque chimiquement pur en faisant couler de l'alcool condensé au haut d'une colonne par un réfrigérant spécial.

Les vapeurs d'eau et d'alcool montaient de bas en haut se dégageant des flegmes *chauffés à* — *10° ou* — *15°* par un courant d'eau ordinaire entrant à $+ 15°$ et sortant à $+ 2°$ ou $+ 3°$. L'alcool condensé dans le réfrigérant du haut de la colonne et sous très faible pression, descendait sur des plateaux à surface contre lesquels les vapeurs montantes se condensaient partiellement en ramenant dans la caillebasse du bas de l'eau, les huiles et toutes les impuretés.

L'alcool pur se vaporisait sur ces plateaux et remontait dans le haut de la colonne où la température de condensation oscillait à volonté selon les qualités d'alcool que l'on voulait obtenir, entre — $30°$ et — $100°$ centigrades.

Une partie de cet alcool retombait dans la colonne, l'autre partie était condensée mais servait au coulage industriel comme rendement utile.

Ces procédés utilisés sur une grande échelle aujourd'hui dans les appareils à distiller dans le vide, précisaient d'une façon absolue les lois physiques et la construction des colonnes à rectifier les liquides mélangés.

Comme le chauffage de la colonne était obtenu par un courant d'eau, ou un échappement de vapeur, je n'avais nullement indiqué alors en 1880 la possibilité de chauffer la caillebasse et les plateaux de la colonne avec les *vapeurs mêmes* des mélanges liquides !....

C'est là le *point nouveau* qui m'apparut comme la base nécessaire de la récupération de l'air liquide lorsque je voulus appliquer au mélange de l'azote et de l'oxygène liquide les lois de mes brevets de 1880.

Pour bien faire entendre l'importance capitale de ce principe voici la série des phénomènes que comporte le cycle complet de la transformation de l'air atmosphérique liquide en ses éléments.

Nous prenons un volume de 100 mètres cubes d'air atmosphérique, supposé pour simplifier, absolument pur sans vapeur d'eau, sans acide carbonique, et composé de 21 parties d'oxygène et de 79 parties d'azote.

Nous comprimons cet air à une pression de 5 atmosphères; le travail consommé élève la température de l'air. On emporte, par un courant d'eau froide qui baigne le serpentin de sortie de l'air comprimé *la chaleur ainsi engendrée.*

Nous avons donc à la température normale de +15° une masse d'air sous pression de 5 atmosphères.

Nous abaissons la température de +15° à — 195°. Il faut enlever à cette masse d'air une quantité de chaleur représentée par la chaleur spécifique de l'air, multipliée par le volume, multipliée par l'écart de température.

Soit A cette quantité de chaleur.

Il faut enlever à cette masse d'air sa chaleur de liquéfaction, car à — 195° l'air liquide bout sous la pression atmosphérique. Soit B cette quantité de chaleur latente de liquéfaction.

On conçoit donc que si la masse d'air de 100 mètres cubes est comprimée dans un serpentin sous la pression de 5 atmosphères et qu'au travers des parois de ce serpentin on soutire d'abord A calories et aussi B calories, tout l'air constituera une *masse d'air liquide* à l'intérieur du serpentin.

Admettons maintenant que l'on ait posé une vanne de réglage à l'extrémité du serpentin et qu'en l'ouvrant on laisse échapper *l'air liquide* qui se trouve à l'intérieur, de telle façon que l'air liquide sortant, noie le serpentin d'où il s'échappe.

Il suffit de développer dans un cylindre ce serpentin dont les spires terminales pénétrent par le bas. L'air liquide s'échappant viendra de lui même noyer progressivement les spires superposées.

Admettons que nous ayons ainsi rempli le bas du cylindre d'une certaine quantité d'air liquide et qu'on règle la vanne d'échappement de l'air liquide de telle sorte que l'air comprimé à cinq atmosphères arrivant par le serpentin soit du même poids dans l'unité de temps que le poids d'air liquide qui sort par la vanne de réglage ; on aura ainsi constitué un état de régime qui pourrait durer indéfiniment si la chaleur ambiante de la salle n'était pas une cause incessante d'apport de calories dans cet appareil refroidi à — 195°.

Supposons donc l'enveloppe protectrice de cet appareil parfaite, il devient évident que 100 mètres cubes d'air pur à + 15° comprimés à 5 atmosphères descendront du haut du cylindre vers le bas contre un courant de 100 mètres cubes d'air pur qui le réchaufferont de — 195° à + 15°. En descendant la masse d'air cédera A calories et la masse montante d'air pur équivalente comme volume se réchauffant de — 195° à + 15° absorbera A calories.

Ces changements de température s'effectuent dans

des masses d'air *identiques* et sous *pression constante* pendant qu'ils s'opèrent.

Outre cela, 100 mètres cubes d'air se liquéfiant à — 195° cèdent leur chaleur latente de condensation à 100 mètres cubes d'air pur liquéfiés qui se vaporisent autour du serpentin au fond du cylindre.

Chacun de ces changements d'état absorbe et cède B calories.

Si nous admettons que la surface du serpentin noyée dans l'air liquide soit *presqu'infinie*, et la conductibilité du métal soit parfaite, la plus légère *surpression* de $\frac{1}{10}°$ d'atmosphère suffira pour amener la complète liquéfaction de l'air à l'intérieur du serpentin et sa revaporisation à l'extérieur. On pourra faire passer B calories avec une différence de température de $\frac{1}{10}$ ou $\frac{1}{50}$ de degré, correspondant à la différence des tensions maxima des vapeurs de l'air liquide que l'on comprime légèrement à l'intérieur, tandis que la pression atmosphérique est maintenue à l'extérieur.

On verra ainsi deux courants d'air, l'un entrant, l'autre sortant de l'appareil et ayant chacun la même pression et la même température.

Aucune séparation des constituants de l'air liquide n'aura eu lieu.

Que faut-il donc ajouter à cet appareil si simple pour obtenir deux courants différents de gaz sortants tandis qu'un seul courant d'air entrant les alimentera tous les deux ?

Un des courants sortants doit être l'oxygène, l'autre courant sortant sera l'azote.

Il faut se servir de la loi fondamentale des tensions des vapeurs des liquides mélangés, loi qui *caractérise* l'état liquide des constituants du mélange et la nature des vapeurs qu'ils émettent.

Voici d'abord quelques faits précis :

Prenons dans une sphère de verre, munie de robinets, 46 volumes d'oxygène pur liquide et 54 volumes d'azote pur liquide.

Agitons ces liquides pour les dissoudre et les mélanger intimément et refroidissons cette ampoule jusqu'à ce que la tension des gaz dans la sphère soit exactement la pression atmosphérique. Un petit manomètre attenant à la sphère nous prouve que nous avons obtenu ce résultat lorsque le liquide est refroidi à environ — 192°.

Nous prélevons dans une éprouvette, un peu des vapeurs qu'émet le mélange à cette température de —192°. Nous trouvons que ces vapeurs n'ont nullement la composition du mélange d'où elles proviennent.

L'analyse nous donne 21 %, d'oxygène et 79 %, d'azote.

Donc par le fait uniquement de l'état liquide et des forces physiques de dissolution mises en jeu, l'oxygène est retenu dans le liquide et la proportion de l'oxygène gazeux tombe de 46 % à 21 %, donc à moins *de la moitié* de sa valeur dans le mélange.

L'azote au contraire passe de 54 % à 79 %.

On peut agiter autant qu'on le veut le mélange, les vapeurs restent en *équilibre stable* avec un liquide dont la teneur est *très différente*. Voilà le fait capital sur lequel repose *tout procédé de séparation par rectification* des mélanges liquides.

Continuons encore :

Prenons 21 volumes d'oxygène et 79 volumes d'azote qui sont émis simultanément par un mélange liquide de 46 volumes d'oxygène et de 54 volumes d'azote. Liquéfions ces 21 parties d'oxygène, ces 54 parties d'azote et mélangeons ces liquides dans la même ampoule. Pour obtenir que la tension des vapeurs de ce mélange soit égale à la pression atmosphérique, nous constatons d'abord qu'il faut le refroidir à — 195° centigrades.

Nous utilisons l'éprouvette pour cueillir un peu des vapeurs émises par ce mélange et nous voyons que ces vapeurs détiennent 7 °/₀ d'oxygène et 93 °/₀ d'azote.

Le volume de l'oxygène est tombé de 21 °/₀ dans le liquide, à 7 °/₀ dans les vapeurs.

Pour l'azote le volume a passé de 54 °/₀ à 93 °/₀.

La température d'ébullition du mélange dans le premier cas était —192°, maintenant —195°.

Continuons encore :

Nous prenons 7 °/₀ d'oxygène en volume émanant de ce mélange et les liquéfions.

Nous prenons 93 °/₀ d'azote en volume et les liquéfions.

Nous mélangeons ces deux quantités d'oxygène et d'azote liquides dans l'ampoule et nous recommençons les observations.

Le point d'ébullition de ce mélange est descendu à —195°,4.

L'analyse des vapeurs nous donne 2,8 °/₀ d'oxygène et 97,2 °/₀ d'azote.

Si nous continuons comme précédemment, le prochain mélange liquide contenant 2,8 d'oxygène et 97,2 d'azote bout à —195°,5 et donne 0,5 °/₀ d'oxygène et 99,5 d'azote.

Le mélange suivant donne 0,08 °/₀ d'oxygène et 99,92 °/₀ d'azote.

La température d'ébullition de ces derniers mélanges est celle de *l'azote liquide pur* à quelques millièmes de degrés près, soit —195°,5.

Si maintenant, au contraire de ce que nous avons fait dans la série d'expériences précédentes, nous forçons les doses d'oxygène liquide contenues dans l'ampoule, nous trouvons que la température s'élève progressivement jusqu'à —182°,5 point d'ébullition de l'oxygène liquide, mais qu'à cette température les plus petites traces d'azote dans le liquide ont déjà une influence des plus marquées dans la température du liquide, mélange des deux liquides azote et oxygène, et que le pourcentage de l'azote dans les vapeurs dépasse de beaucoup son pourcentage dans le liquide.

L'azote gazeux se dégage donc *dans tous les cas et quelle que soit sa teneur dans un mélange quelconque d'oxygène et d'azote liquides plus rapidement que proportionnellement à la valeur relative de son pourcentage dans le mélange qui se vaporise.*

Comment utiliser ces constatations capitales pour la séparation méthodique de l'oxygène et de l'azote de l'air atmosphérique dans notre appareil cylindrique contenant un serpentin dans le bas?

Nous représentons dans la figure 1 (Pl. I) cet appareil schématique et voici sa théorie et comment son agencement permet la solution du problème.

Tout l'appareil est constitué par une colonne verticale contenant de 80 à 100 plateaux superposés, assez voisins les uns des autres.

Ces plateaux sont construits exactement comme le

sont ceux de nos brevets de 1880-1881, spécialement destinés aux opérations de rectification des liquides mélangés.

On peut les faire percer de tout petits trous permettant aux vapeurs de passer de bas en haut au travers d'une mince couche de liquide qui s'y trouve, sans que le liquide puisse fuir par ces petites ouvertures retenu par les forces capillaires, aidées d'une légère contre-pression des gaz qui cherchent leur orifice d'écoulement au haut de la colonne et sont ainsi forcés de surmonter la pression faible de chaque plateau.

Ces plateaux peuvent être à *calottes*. Les gaz sont obligés en traversant ces calottes de barbotter dans le liquide de chaque plateau.

Enfin, et c'est là un fait très important, ces plateaux peuvent agir seulement *comme surface* par écoulement libre de plateau à plateau. Le liquide tombant du haut de la colonne est forcé de mouiller la surface de ces plateaux au contact desquels passent, en remontant, tous les gaz ou vapeurs venant du bas de la colonne.

Ces trois formes de plateaux sont décrites très complètement dans les brevets vieux de 34 ans !

Tous les plateaux à calottes et les plateaux perforés possèdent des trop-pleins permettant au liquide, tombant du haut de la colonne sur le plateau supérieur, de descendre automatiquement et sans contre-pression gênante jusqu'au bas de la colonne, dans le réservoir terminal où se trouve le serpentin.

Cette disposition très visible et compréhensible dans la figure 1 nous permet d'expliquer maintenant le fonctionnement, dès le début des opérations, pour atteindre progressivement *l'état de régime*.

Dans la figure 1 nous représentons en D un compresseur ordinaire quelconque pouvant comprimer, dans l'exemple particulier numérique que nous choisissons, 500 mètres cubes d'air atmosphérique à l'heure sous une pression de 5 atmosphères.

Cette compression va produire une certaine quantité de chaleur que nous enlevons par un courant d'eau. Le serpentin refroidisseur n'est pas représenté dans la figure pour éviter toute complication inutile aux faits essentiels qui nous occupent.

Ces 500 mètres cubes d'air, comprimés à 5 atmosphères passent dans un *échangeur normal*, dans lequel les 500 mètres cubes d'air sortant sous forme de deux courants froids, l'un d'oxygène l'autre d'azote, *échangent leur température* avec les cinq cents mètres cubes d'air comprimés entrant.

Un de ces courants sera le courant *d'oxygène*, l'autre un courant d'azote mélangé avec un peu *d'oxygène*.

Cet échangeur ne fait pas non plus partie de la figure 1 car il est accessoire pour la présentation des phénomènes essentiels de la rectification.

Au sortir de l'échangeur les 500 mètres cubes d'air comprimés à 5 atmosphères et *refroidis près du point de leur liquéfaction* par leur passage au travers de l'échangeur, arrivent en E, au bas de la colonne dans le serpentin EEE.

Au sortir du bas de la colonne le serpentin E s'élève jusqu'au haut de la colonne et l'on voit une vanne F qui est placée sur ce tube E.

Après la vanne F le tube continue, traverse le dôme de la colonne et laisse couler le liquide qu'il contient sur le plateau supérieur G.

Le liquide descend de là de plateau en plateau et coule jusqu'en bas.

Deux tubes de sortie des gaz se voient sur la colonne, l'un en **K**, sert à laisser échapper *l'oxygène* qui traversera d'abord l'échangeur puis se rendra de là au gazomètre alimentant le remplissage des bonbonnes ou les emplois immédiats de l'industrie.

L'autre tube de sortie est tout en haut en **H** et permettra à l'azote, associé à un peu d'oxygène, de s'échapper au dehors après avoir aussi traversé l'échangeur.

Ces dispositions fort simples sont très exactement représentées dans la figure 1 où la suppression du réfrigérant de la compression et de l'échangeur ne modifie en rien les explications qui vont suivre, et que nous allons exposer avec une scrupuleuse précision.

Départ des opérations.

Nous avons décrit dans notre premier chapitre les différentes méthodes par lesquelles on peut se procurer de *l'air liquide*.

Donc adoptons une quelconque de ces méthodes et en produisant une certaine quantité d'air liquide, nous l'introduisons dans la colonne par un orifice quelconque du dôme (non représenté sur le dessin).

Tout l'appareil se refroidira progressivement, et, peu à peu, prendra la température de —195°, soit celle de l'air liquide bouillant sous la pression atmosphérique.

Lorsque ce premier résultat est atteint, on continue de laisser entrer de l'air liquide qui, descendant sur les plateaux, remplira peu à peu le réservoir B B B du bas où se trouvent les spires E E du serpentin.

C'est au moment où ce réservoir BB *sera plein d'air liquide que débutent les opérations de la mise en marche du procédé de rectification de l'air liquide.*

Nous mettons en marche la compression de 500 mètres cubes à l'heure en tenant la vanne F de sortie *fermée.*

Dès le premier coup de piston la pression de l'air dans le serpentin E s'élève, mais aussi dès le premier coup de piston une petite quantité d'air s'est liquéfiée, conséquence de cette augmentation de pression, dans les spires du serpentin baigné par l'air liquide.

Au même moment la chaleur latente de l'air qui s'est liquéfié traverse les parois, parfaitement conductrices du serpentin, et force une même quantité d'air liquide contenue dans le réservoir à prendre l'état gazeux par ébullition du liquide.

Ces vapeurs provenant de l'air liquide contiennent 7 °/$_0$ d'oxygène et 93 °/$_0$ d'azote.

Ces vapeurs traversent *sans aucun changement quelconque* les 82 plateaux N N N de la colonne chargés d'air liquide. (Il y a un à deux centimètres d'air liquide dans chaque plateau.) En effet les vapeurs sont identiques à celles qu'émet un liquide identique remplissant chaque plateau.

Au bout d'un temps *très court* le liquide remplissant le réservoir du bas B perdant 7 °/$_0$ d'oxygène et 93 °/$_0$ d'azote à l'état gazeux, alors qu'il est composé de 21 °/$_0$ d'oxygène et de 79 °/$_0$ d'azote, va s'enrichir en *oxygène* ; son liquide aura progressivement 22, 25, 30 °/$_0$ d'oxygène et relativement 78, 75, 70 °/$_0$ d'azote.

Les vapeurs que vont émettre ces mélanges progressifs de plus en plus riches en oxygène ne resteront pas les mêmes qu'au début de l'opération.

L'oxygène contenu dans les vapeurs passera de 7, 9, 11 à 20 %, etc., tandis que *l'azote* sera de plus en plus pauvre en oxygène.

Le *premier plateau* du bas contenant de *l'air liquide* va donc être traversé par des vapeurs ayant plus de 7 % d'oxygène, supposons 10 % par exemple.

Ce liquide retiendra instantanément 3 % d'oxygène des gaz qui le traversent tandis que l'azote des vapeurs venant d'en bas n'ayant que 90 % de valeur se chargera de 3 % d'azote pris au liquide du premier plateau.

D'après la loi d'Avogadro chaque molécule d'oxygène chassera par sa dissolution dans le liquide *une molécule de gaz* dont la chaleur latente équivaut à la sienne.

Ainsi le plateau 1 *sera chauffé par l'oxygène en excès*, venant d'en bas, *que son liquide absorbera*.

Il abandonnera un volume égal d'azote, *pas pur*, mais associé à 7 % d'oxygène du volume qui quitte le plateau pour se joindre aux gaz montant.

L'azote du bas aura toujours *en entrant dans le plateau au-dessus du précédent une tension inférieure à la tension de l'azote dans les vapeurs émises par le plateau qui lui est superposé.*

Ainsi l'azote traversera les 82 plateaux jusqu'au haut de la colonne *en augmentant constamment son volume* et en ne se *condensant jamais* sur aucun plateau.

L'oxygène seul se condensera de plateau en plateau et sera la seule *source de chaleur* (par sa dissolution et sa liquéfaction dans les liquides superposés des pla-

teaux) fournie à la colonne. Cette chaleur *forcera l'azote*
à se gazifier et le refoulera progressivement de bas en
haut dans les plateaux N N N de la colonne.

Cette conclusion, qui découle comme un résultat
inattaquable de tout ce qui précède, donne *la clef*
de tous les résultats numériques consacrés par la
pratique.

En effet, continuons l'analyse serrée des phénomènes :

Le compresseur comprime 500 mètres cubes d'air
à l'heure, il *liquéfie en totalité* cette masse d'air dans
le réservoir BB du bas de la colonne.

Cet air liquide monte jusqu'à la vanne de réglage F
et là sort impétueusement sur le premier plateau G
d'où il se déverse progressivement de haut en bas
contre le courant de vapeurs montantes.

Ce liquide qui se déverse sur le premier plateau
contient 21 $^o/_o$ d'oxygène, 79 $^o/_o$ d'azote. Il faut donc
à tout prix *chasser ces 79 $^o/_o$ d'azote* pendant la descente du liquide du haut en bas de la colone pour
pouvoir récolter de l'oxygène ayant 98 $^o/_o$ de pureté
environ.

Or 79 $^o/_o$ de 500 mètres cubes représentent *395
mètres cubes* d'azote pur.

On veut fournir de l'oxygène à 98 $^o/_o$.

On sait que l'oxygène qui part avec l'azote au haut
de la colonne est celui qui est représenté par le volume
de l'azote multiplié par 7 $^o/_o$ (et une petite fraction).

Donc nous perdons 395 $\times$ 7 $^o/_o$ = 28 mètres
cubes d'oxygène pur. Si nous retranchons de la totalité
de l'oxygène contenu dans 500 mètres cubes d'air,
28 mètres cubes d'oxygène *perdus forcément* avec

l'azote qui se dégage au haut de la colonne, on constate qu'avec le procédé de rectification, appliqué dans toute son intégrité, il n'est possible d'extraire que :

105 mètres cubes d'oxygène contenus dans 500 mètres cubes d'air — 28 mètres perdus, donc 77 *mètres cubes d'oxygène*, et pas davantage !

Pour obtenir ces 77 mètres cubes d'oxygène dans le gazomètre il nous a fallu *envoyer dans la colonne* un volume de vapeurs, sortant du réservoir terminal inférieur BB, *égal* au volume total de *l'azote liquide* (vaporisé) tombant sur le plateau supérieur et que nous transformons *en vapeurs* par suite de la chaleur dégagée par la dissolution et liquéfaction de l'oxygène gazeux dans le liquide des plateaux et en plus le volume de l'oxygène lui-même contenu dans l'air liquide.

Il nous faut donc chasser sous forme *d'oxygène gazeux* sortant du réservoir BB 500 mètres cubes d'oxygène dans la colonne.

Dès le bas de la colonne 77 mètres cubes d'oxygène gazeux sont conduits à l'échangeur et de là au gazomètre d'où on les utilisera pour les besoins de l'industrie.

Les 423 mètres cubes d'oxygène restant continuent leur route et sont progressivement échangés par absorption successives en 395 mètres cubes d'azote et 28 mètres cubes d'oxygène qui n'ont pu être gardés dans les plateaux inférieurs.

Chaque plateau retient une partie de l'oxygène qui lui arrive par en bas et restitue en compensation un volume égal d'azote gazeux qui s'ajoute à l'azote des premiers plateaux inférieurs.

On constate donc que de plateau en plateau la température d'ébullition des liquides qui s'y trouvent augmente progressivement en raison du mélange spécial qui se forme par l'apport simultané du liquide tombant du haut de la colonne, et dont une grande quantité s'évapore par changement d'état en chemin, et l'apport de l'oxygène gazeux retenu par ce liquide, toujours plus riche en azote que le liquide du plateau qui lui est immédiatement inférieur.

C'est l'excès de l'oxygène gazeux absorbé dans un plateau par rapport au volume d'oxygène que débite le même plateau, avec l'azote qui s'en échappe, qui est *la seule, l'unique* cause de chaleur *qui chasse l'azote* du liquide tombant au sommet de la colonne sur le plateau du haut et cela sous la forme d'air liquide.

Le volume du liquide, soit les 500 mètres cubes d'air totalement liquéfiés, perd en tombant à chaque plateau un petit poids d'azote liquide et gagne un petit poids d'oxygène liquide ; ces petites masses d'azote perdu et d'oxygène gagné représentent par la loi d'Avogadro des volumes identiques.

Ainsi le trop-plein du deuxième plateau inférieur de la colonne déverse 500 mètres cubes *d'oxygène liquéfié* et ce sont ces 500 mètres cubes d'oxygène qui passent constamment de l'état liquide à l'état gazeux dans le bas du réservoir BB terminant la colonne.

Telle est la marche normale du procédé de séparation de l'air atmosphérique par voie de rectification.

Une fois cette théorie bien comprise jusque dans ses moindres détails, nous allons discuter les résultats

3

numériques et montrer tout ce qu'on peut en attendre comme avantages industriels pratiques.

Peut-on obtenir de l'azote pur ? Quelle est la limite de la pureté possible ? La force motrice croît-elle avec la pureté ? La pureté de l'oxygène est-elle plus ou moins coûteuse que la pureté de l'azote ?

Nous discuterons ces problèmes pour comparer ensuite utilement le *procédé de dissolution* avec celui de *rectification*.

CHAPITRE III

Discussion du procédé dit par rectification

Dès que la théorie d'un procédé est fixée, et cela sur des lois immuables de la physique, il est loisible de préciser les limites des avantages qui en découlent et de voir le prix qu'il faut mettre pour obtenir dans notre cas actuel de l'oxygène pur et de l'azote pur.

Restons encore dans l'idée d'*appareils parfaits*.

Nous avons constaté qu'avec 500 mètres cubes d'air atmosphérique nous devons les comprimer à 5 atmosphères pour les *liquéfier totalement* et qu'en les laissant tomber du haut en bas d'une colonne à plateaux, on peut en retirer 77 mètres cubes d'oxygène pur et, par le haut de la colonne, 423 mètres cubes d'un mélange de 7 °/₀ d'oxygène et de 93 °/₀ d'azote, gaz presque sans valeur industrielle.

Une correction s'impose immédiatement dans nos calculs. Elle provient de ce fait : la température du réservoir du bas de la colonne est —182°, celle du point d'ébullition de l'oxygène liquide.

La température du plateau du haut de la colonne est —195°, donc 13° plus basse que celle du bas.

Les 500 mètres cubes d'air liquide qui proviennent du changement d'état gazeux en liquide dans le serpentin du bas, vont donc arriver à la vanne de réglage F à la température de —182°.

Là la vanne s'ouvre et le liquide qui s'échappe, selon les lois bien connues, va prendre spontanément la température de —195° en s'évaporant partiellement mais instantanément.

Si nous adoptons pour la chaleur spécifique de l'air liquide la valeur, encore pas très exactement connue, de 0,47 calorie, la *chaleur qu'il est nécessaire d'ôter* pour obtenir cet abaissement de température obligatoire sera de :

$$500^{m'} \times 1^k,293 \times 13° \times 0°,47 = 3950 \ calories.$$

C'est la quantité de chaleur qui doit être enlevée par heure.

Comme cette transformation de *liquide en gaz* est tout-à-fait instantanée elle s'effectue au détriment du liquide qui arrive sur le premier plateau G du haut de la colonne.

On admet 55 calories pour la chaleur latente de l'air liquide ; on trouve alors que le poids d'air liquide qui disparaît en se transformant instantanément en un gaz contenant 7 % d'oxygène et 93 % d'azote est de : *71ᵏ82, d'air liquide.*

Ces gaz ne seront utiles que dans l'échangeur d'azote, mais *n'apporteront aucune quantité d'oxygène au gazomètre.*

Voilà un point bien important.

En effet 500 mètres cubes d'air pèsent 646ᵏ,5 et 71ᵏ82, d'air liquide perdus pour le travail utile représentent :

$$\frac{71,82}{646,5} = 11,11 \ \% \ du \ poids \ total \ !$$

Ainsi cette première correction nous fait voir que, au lieu de récolter 77 mètres cubes d'oxygène pur, nous n'en récolterons effectivement que :

$$77^{m^3} - \frac{(11,11 \times 77^{m^3})}{100} = 68^{m^3},45 \ d'oxygène.$$

Voilà donc le rendement *théorique maximum* du système dit de rectification : en travaillant et comprimant à 5 atmosphères 500 mètres cubes d'air à l'heure, il faudra renoncer à en obtenir plus de $68^m,45$ cubes d'oxygène pur. Ici encore nous remarquons que l'air liquide perdant déjà près de 10 °/₀ de son poids contient un peu plus d'oxygène dans la partie restante et abandonne des vapeurs dès le deuxième plateau ayant un peu plus de 7 °/₀ d'oxygène.

Notre résultat est donc *forcé* en donnant le rendement de $68^m,45$ cubes d'oxygène par heure.

Dimensions de la colonne à rectifier

D'après ce que nous venons de voir la colonne à rectifier reçoit du liquide par le haut et des gaz par le bas. L'azote traverse les plateaux de bas en haut *sans se liquéfier ni se dissoudre dans aucun plateau*, mais l'oxygène se dissout progressivement de plateau en plateau et le liquide contenu dans les plateaux est mécaniquement entraîné vers le bas par le déversement continu d'environ 646 à 650 litres d'air liquide par heure.

Tout l'oxygène qui enrichit le liquide de chaque plateau est rapidement accumulé au bas de la colonne dans le réservoir B.

De ce réservoir s'élèvent constamment 500 mètres cubes d'oxygène pur.

Dès le départ du gaz oxygène hors du réservoir B B on sait que 68,45 mètres cubes d'oxygène vont sortir par le tube K, traverser les échangeurs et se rendre au gazomètre d'où on les utilisera pour les besoins industriels.

Il reste 431,55 mètres cubes d'oxygène qui remonteront la colonne contre le courant d'air liquide apporté par le tube E après avoir traversé la vanne F.

Les gaz se mêleront au haut avec les vapeurs de l'air liquide dont la température passe subitement de —182° à —195° et l'on récolte dans le tube H de sortie des gaz au haut de la colonne :

$$
\begin{array}{ll}
395 & \text{mètres cubes d'azote.} \\
\underline{36,55} & \text{mètres cubes d'oxygène.} \\
431,55 & \text{mètres cubes de mélange } O^2 \text{ et } N^2.
\end{array}
$$

Si l'on ajoute à ces 431,55 mètres cubes de gaz mélangés les 68,45 mètres cubes d'oxygène récoltés dans le gazomètre on retrouve, ce qui est naturel, les 500 mètres cubes d'air travaillés dans notre exemple numérique.

Tel est le résultat précis de cette étude.

Pour laisser passer cette masse gazeuse constante de 431,55 mètres cubes de vapeurs par heure sans exagération de vitesse, sans boursoufflement des mousses sur les plateaux, il ne faut pas dépasser une vitesse de 2 mètres par seconde au maximum pour les gaz qui traversent les calottes des plateaux NNN.

On arrive ainsi à donner à la calotte une hauteur de 4 mètres et demi et un diamètre de 400 millimètres, avec 82 plateaux N équidistants dans la colonne. Ces conditions mécaniques découlent forcément du principe de rectification. En particulier le nombre des plateaux de 82 s'impose comme un minimum si l'on veut obtenir un bon rendement et retenir l'oxygène qui s'échappe du réservoir du bas de la colonne et ne pas en laisser perdre plus de 7 °/₀ dans l'azote.

Comme la chaleur apportée à chaque plateau n'est produite que par le poids de l'oxygène fixé par dissolution, le nombre de plateaux est un nombre rigide, invariable, selon la pureté de l'oxygène que l'on veut obtenir et la perte minimale qu'il convient de fixer pour la quantité d'oxygène perdue avec l'azote qui part.

Cette inéluctable condition caractérise les appareils bâtis sur la rectification des liquides mélangés.

Pertes dues au rayonnement et à la conductibilité

Comme l'appareil fonctionne dans une salle où règne une température normale de $+15°$ environ, la chaleur ambiante tend toujours à pénétrer dans les appareils froids, quelles que soient du reste leur protection et l'épaisseur des parois calorifuges.

Les échangeurs, moins froids que la colonne, l'entourent et l'on fait son possible pour obtenir la meilleure isolation.

Nos expériences nous montrent que pour traiter 500 mètres cubes à l'heure d'air atmosphérique il faut compter sur l'introduction de *32 litres* d'air liquide par heure dans la colonne pour maintenir le régime constant. Avec cet appareil régulier on compense très exactement les insuffisances d'isolement et le résultat incomplet des échangeurs de température.

Ces 32 litres d'air liquide introduits au haut de la colonne A permettent de recueillir *cinq à cinq mètres cubes et demi d'oxygène* pur en plus des 68,45 déjà récoltés. Ce volume d'oxygène se dégage des 32 litres d'air liquide ajoutés comme l'oxygène dégagé de l'air liquide obtenu dans le serpentin E.

La chaleur qui fait vaporiser ces 32 litres d'air liquide est entrée directement de la chambre des machines au cœur des appareils et s'inscrit comme équivalente à la chaleur latente de vaporisation de cette masse liquide auxiliaire.

Il est clair qu'on pourra peu à peu diminuer dans une certaine mesure cette quantité d'air liquide qu'il faut fabriquer constamment à côté des appareils à rectifier uniquement pour maintenir l'état de régime normal dans la colonne en parant aux apports de la chaleur ambiante.

On pourra augmenter l'épaisseur des parois protectrices, trouver des substances dont l'action préservatrice par leur mauvaise conductibilité soient plus avantageuses les unes que les autres.

A l'heure qu'il est une colonne travaillant 500 mètres cubes, doit compter avec un apport horaire de 30 à 35 litres d'air liquide, résultat expérimentalement constaté maintes fois.

Influence de l'humidité de l'air et de l'acide carbonique

Un point très important est très délicat dans le fonctionnement régulier des appareils rectificateurs de l'air liquide réside dans la *nécessité absolue* d'enlever à l'air atmosphérique comprimé toute son humidité, sans quoi les obstructions sont imminentes et arrêtent totalement la marche de l'appareil. L'acide carbonique bien que contenu à raison de *trois dix millièmes* (0,0003) dans l'air normal, doit être prudemment capté avant que l'air ne se liquéfie dans des tubes étroits, ou retenu dans des filtres *ad hoc* dès sa liquéfaction.

En réduisant l'air liquide au $\frac{1}{800}$ de son volume initial pendant sa liquéfaction, on oblige la totalité de l'acide carbonique à se transformer en une poussière neigeuse entraînée dans le courant de l'air liquide. Ce n'est qu'au moment où cette considérable réduction du volume des gaz s'opère que la tension des vapeurs d'acide carbonique permet ce changement d'état.

Les opérations nécessitées par l'enlèvement scrupuleux de l'humidité de l'air, environ 14 à 15 grammes d'eau par mètre cube d'air, et de l'acide carbonique sont des charges constantes portées par le procédé de rectification. Elles sont inéluctables et assez onéreuses.

CHAPITRE IV

Travail consommé pour la rectification de 500 mètres cubes d'air atmosphérique

Maintenant que le procédé de rectification de l'air liquide a été exposé dans ses moindres détails, nous pouvons chercher quel est le *travail normal* exigé pour le maintien en régime des appareils de rectification.

Nous avons d'abord le compresseur d'air obligé de comprimer à 5 atmosphères 500 mètres cubes d'air pour les liquéfier totalement dans le serpentin noyé à — 182° dans de l'air liquide.

Ce compresseur doit être de premier ordre comme construction et muni de surfaces refroidissantes aussi parfaites que possible ainsi que de serpentins refroidisseurs des gaz une fois comprimés.

Les diagrammes obtenus sur des compresseurs à marche pas trop rapide et en parfait état de fonctionnement, nous ont fourni les nombres : 48 chevaux, 51 chevaux, 53 chevaux et 47 chevaux. La température des gaz à la sortie de la compression est presque constamment légèrement supérieure à 100°.

Nous adoptons 50 chevaux comme le travail en marche normale.

Pour maintenir l'état de régime il nous faut apporter 32 litres d'air liquide par heure.

D'après ce que nous avons dit dans les chapitres précédents nous pouvons admettre qu'un cheval heure donne avec de bons appareils pour fabriquer l'air liquide, 500 grammes d'air liquide par heure.

Les 32 litres d'air liquide occupant ainsi 64 chevaux d'une façon continue.

Nous admettons volontiers que ces deux estimations du travail continu : le compresseur d'air alimentant la liquéfaction de l'air d'une façon continue à 5 atmosphères de pression et la production de 32 litres d'air liquide, peuvent être, selon les cas, un peu différentes, tantôt en plus tantôt en moins, mais ces chiffres fournis par de nombreuses expériences soignées sont bien près de la réalité pratique.

Récapitulation des résultats numériques obtenus par le procédé de rectification

Voyons l'addition du travail nécessaire au traitement de 500 mètres cubes d'air à l'heure et des quantités d'oxygène et d'azote obtenus.

1° Travail du compresseur comprimant
500 mètres cubes d'air à l'heure.... = 50 chevaux
2° Travail nécessaire à la liquéfaction de
32 litres d'air liquide..............   64   »
3° Machine frigorifique ayant pour objet
la deshydratation de l'air et activant la
liquéfaction de l'air   12   »
Travail total... = 126 chevaux

On peut dans des conditions spéciales économiser le travail de la machine frigorifique, mais l'expérience pratique nous a démontré son utilité incontestable. Elle assure la deshydratation absolue de l'air et augmente sensiblement le rendement en air liquide de l'appareil à liquéfaction.

Sans machine frigorifique il faut une double installation pour la rectification de l'air liquide à cause des *obstructions certaines* après une marche de faible durée.

Pendant qu'un appareil se réchauffe l'autre fonctionne.

Le travail fourni par ces 126 chevaux permet de récolter dans le gazomètre un volume de :

1°   68,45   mètres cubes provenant de l'air liquide fourni par le serpentin à 5 atmosphères.

2°   5,5   mètres cubes d'oxygène provenant des 32 litres d'air atmosphérique liquéfié introduits pour maintenir le régime de la colonne de rectification.

Total. 73,95 mètres cubes d'oxygène pur 98 %.

Dans ces conditions normales chaque mètre cube d'oxygène pur réclame : 1,70 *cheval-heure.*

Il est difficile d'apporter une grande économie dans le travail des machines tel que nous l'avons décrit.

On constate que sur 105 mètres cubes d'oxygène contenus dans 500 mètres cubes d'air, les lois physiques utilisées pour les extraire par rectification ne permettent d'en obtenir effectivement que 73,95 par heure.

Outre cela la liquéfaction par heure de 32 litres d'air liquide oblige la compression, la deshydratation et l'enlèvement de l'acide carbonique d'une masse d'air égale à environ 350 mètres cubes à l'heure.

Cela porte à 850 mètres cubes d'air à l'heure la masse de gaz que l'on doit travailler, soit par liquéfaction directe sous haute pression de 60 à 200 atmosphères selon les cas, soit par compression à cinq atmosphères pour alimenter la colonne à rectification.

CHAPITRE V

Appareil à rectification Coumpound

Dans son article de 1900 (août), von Linde a prétendu que mon système de 1899 était incapable de produire de l'azote pur.

J'ai répondu dans le même numéro qu'en utilisant des *appareils Compound*, c'est-à-dire en travaillant les gaz obtenus par un appareil rectificateur et séparateur des éléments de l'air, de la même façon qu'on a travaillé l'air atmosphérique, on pouvait obtenir de l'azote aussi pur qu'on le voulait.

Je n'ai cependant pas pris de brevet pour cette *invention*, car répéter les mêmes opérations sur les gaz sortant avec un deuxième appareil identique au premier, me paraît une chose si simple et enfantine qu'on ne saurait y voir une *invention !*

En 1902 et 1903 von Linde dépose son brevet sur l'appareil Compound.

Il est évident que le but de l'appareil rectificateur Compound ne vise pas la production plus grande de l'oxygène, il ne s'adresse qu'à l'amélioration de la pureté de *l'azote*.

Puisque nous allons, dans un appareil Compound, utiliser un appareil en tout semblable à celui que nous avons décrit, il va s'y passer les *mêmes séries* de phénomènes physiques.

Au lieu de comprimer de l'air atmosphérique nous comprimerons les gaz sortant de la colonne par le haut. Nous savons que par le haut s'échappent :

1°   414,2 mètres cubes d'azote
2°   29,0   »   »   d'oxygène
  443,2 *Ensemble* mélange d'azote et d'oxygène.

Il faut donc liquéfier ces 443,2 mètres cubes de gaz, les comprimer à 5,5 atmosphères, car il n'y a que 7 °/₀ d'oxygène dans ce mélange au lieu de 21 °/₀ comme dans l'air. On laissera jaillir au haut de la colonne le liquide ainsi obtenu et ce liquide ne donnera que 2,8 °/₀ d'oxygène au lieu de 7 °/₀ dans le premier appareil. Par contre le liquide formé dans le serpentin noyé dans l'oxygène à —182° développe instantanément sur le plateau du haut une grande quantité de gaz pour abaisser sa température à —195°,5, et de ce fait seul le titre l'oxygène dans le plateau supérieur de la colonne remonte un peu au-dessus de 2,8 °/₀ d'oxygène.

Le maximum de pureté de l'azote que l'on peut donc obtenir avec le premier appareil Compound sera de 97,2 °/₀. C'est déjà de l'azote assez pur, mais pas assez pur pour certains besoins industriels pour lesquels les traces d'oxygène sont déjà du poison.

Le travail de compression qu'exige l'appareil Compound est très voisin du travail absorbé par le premier appareil.

Ici encore la colonne n'est chauffée dans ses plateaux que par *des vapeurs d'oxygène* qui viennent d'en bas.

Or il faut envoyer dans la colonne dès le bas 423

mètres cubes d'oxygène dont 35,35 mètres cubes ne seront pas retenus et seront comprimés et liquéfiés à nouveau dans l'appareil Compound avec les 414,2 mètres cubes d'azote.

Il faudra donc chasser simultanément au bas de la colonne à rectifier :

1° 423 mètres cubes d'oxygène qui chasseront l'azote dans la colonne première.

2° 414,2 mètres cubes d'oxygène pour chasser les 414,2 mètres cubes d'azote liquide dans la seconde colonne, appareil Compound.

837,2 mètres cubes d'oxygène.

Ainsi la colonne d'en bas laissera passer à l'état gazeux 837,2 mètres cubes d'oxygène *à retenir* par dissolution entre les deux colonnes rectificatives placées l'une au-dessus de l'autre.

Le seul avantage obtenu avec cette énorme augmentation du prix du matériel, du prix du travail de compression, c'est qu'on gagnera de 4 à 5 mètres cubes d'oxygène en plus et qu'on retirera du haut de la colonne un volume de 416 mètres cubes d'azote ayant 2,8 % d'oxygène. Ce procédé donne évidemment de l'azote plus pur que sans l'emploi de l'appareil Compound mais il est encore primitif.

Tous ces rendements sont également modifiés par l'énorme apport de la chaleur ambiante dans des appareils à *surface extérieure colossale*.

Ce facteur prend des proportions excessives aux moindres temps d'arrêt dans le fonctionnement constant des appareils.

CHAPITRE VI

Considérations générales sur tous les appareils utilisant le procédé de rectification

Tout ce que nous venons de dire dans les chapitres qui précèdent s'applique à tous les systèmes connus à ce jour :

A l'appareil Pictet, de 1899.

A l'appareil von Linde, de 1902.

A l'appareil G. Claude, de 1902-1903.

A l'appareil Lachmann, de 1903, etc., etc.

Nous donnons à la fin de cette étude une critique du principe dit de la rétrogradation employé par M. Claude, c'est comme on le verra une addition intéressante au principe de rectification.

Tous ces appareils ont *deux points communs* essentiels : Ils récupèrent l'air liquide en évaporant l'air liquide d'abord et dès le début des opérations, et en chauffant ensuite toute la colonne à plateaux uniquement par des *vapeurs d'oxygène* qui chassent l'azote liquide lequel tombe sur le plateau supérieur de la colonne.

Ce caractère est général et sans exception.

En lisant les brevets de ces inventeurs on verra que la base essentielle de leurs procédés est la *récupération continue de l'air liquide* par la liquéfaction de l'air

4

gazeux comprimé dans *l'oxygène liquide pur*, dont les vapeurs chauffent les plateaux superposés.

Nous pensons que ces observations générales, faites sur l'ensemble des procédés en activité aujourd'hui dans l'industrie, suffisent pour éclairer et guider le lecteur.

Un point caractéristique également rapproche tous ces procédés, c'est que sans exception ils abandonnent l'azote chargé de 7 °/₀ d'oxygène à la sortie des appareils.

Les appareils Compound seuls font exception, mais nous avons vu dans quelles désastreuses conditions économiques ils fonctionnent.

En somme, le problème de la rectification de l'air atmosphérique liquéfié pour le séparer en ses éléments, est associé à la perte inéluctable d'environ *un tiers de la quantité totale de l'oxygène contenu dans l'air liquéfié*, et à une qualité d'azote *sans valeur industrielle* à moins d'employer un appareil Compound.

Nous n'entrerons pas ici dans la discussion des antériorités, ni des caractéristiques secondaires des systèmes qui tous, sans exception, ont pris dans les brevets 1899 les bases essentielles de leur valeur.

Nous y reviendrons plus tard.

CHAPITRE VII

Séparation de l'air atmosphérique en ses éléments par le procédé dit de dissolution

Comme nous l'avons vu dans tous les procédés de rectification de l'air liquide, nous sommes contraints de liquéfier *la totalité* de l'air contenant l'oxygène que nous voulons extraire et en plus nous sommes obligés de *perdre au dehors le tiers de cette quantité d'oxygène* sans pouvoir la retenir.

Dans un seul brevet, celui de Lachmann, on voit apparaître l'idée de ne liquéfier qu'une partie de l'air atmosphérique en envoyant l'autre partie dans la colonne à rectifier.

Mais la perte du tiers de l'oxygène est là, également fatale car la colonne n'est chauffée dans ses plateaux superposés que par les vapeurs d'oxygène qui viennent du bas.

Voici comment j'ai été amené progressivement à trouver ce nouveau moyen pour décomposer l'air dans ses éléments :

En 1912 j'ai trouvé une solution totale du problème de la séparation méthodique de l'air dans ses éléments par la *méthode de dissolution* qu'on peut aussi appeler la *méthode du moindre effort*.

Pourquoi chauffer la colonne à rectifier par des *vapeurs d'oxygène* ?

C'est franchement ridicule !

Nous liquéfions quatre parties d'azote et une partie d'oxygène en liquéfiant l'air. Or, l'azote liquide doit être chassé pour le forcer à abandonner l'oxygène. Il faut donc chasser quatre parties d'azote liquides pour n'obtenir qu'une partie d'oxygène, c'est fou !

Nous liquéfions tout l'air atmosphérique dans le réservoir de la colonne à rectifier et là règne la température *la plus élevée* de l'appareil.

L'oxygène liquide bout à —182°, l'azote ou les dissolutions de l'azote et de l'oxygène s'échelonnent entre —182° et —195°,5. Pourquoi provoquer la liquéfaction de l'air dans la partie de l'appareil qui nécessite la plus haute pression ? C'est absurde !

En analysant un à un les phénomènes nécessaires à la séparation de l'air en ses éléments je trouvai ceci :

Il suffit de liquéfier de l'*azote pur* en suffisante quantité pour *absorber par dissolution* une certaine quantité d'oxygène contenue dans une masse d'air.

L'azote de l'air n'a nullement besoin d'être liquéfié puisqu'il traverse tous les plateaux successifs sans être retenu, par principe même.

Pourquoi ne pas se servir des plateaux superposés pour refroidir le liquide condensé dans le serpentin et aider à sa liquéfaction ? Comme je l'avais fait du reste dans l'appareil de 1899.

En réfléchissant à ces choses le système par dissolution, d'une simplicité parfaite, m'est apparu dans son ensemble et je vais le décrire, m'étonnant qu'il m'ait fallu dix ans pour le trouver !

La figure 2, Pl. I, représente l'appareil opérant d'après le principe *de dissolution*.

A première vue et en le comparant à la figure 1 il semble qu'il lui soit presque identique !

Mais son fonctionnement est tellement différent, est bâti sur un ensemble de phénomènes physiques si radicalement dissemblables, qu'on ne saurait les rapprocher autrement que par la simple analogie des figures extérieures.

Un compresseur D de 150 mètres cubes à l'heure n'aspire que des gaz provenant du haut d'une colonne AAA.

Voilà déjà un point fondamental nouveau et qui domine le problème.

Ce compresseur n'aspire aucune quantité d'air atmosphérique, il ne reçoit que les gaz arrivant par le dôme de la colonne GG.

Cette colonne présente les particularités suivantes : Un serpentin qui la traverse de bas en haut est destiné à recevoir les gaz comprimés par le compresseur D après qu'ils ont perdu la chaleur de compression et qu'ils ont été refroidis dans un échangeur recevant les gaz qui s'échappent froids de la colonne.

Ce serpentin E se déroule en spirales qui remplissent d'abord le réservoir BB du bas de la colonne.

Ce serpentin EE continue sa route et donne une ou deux anses annulaires dans chaque plateau NN de cette colonne en tapissant le bas de chaque plateau ainsi qu'on peut le voir dans les plateaux NNN de la figure 2, Pl. I (le serpentin est représenté en coupe).

Ce serpentin E, après avoir atteint le plateau supérieur M, se termine par une vanne de réglage F qui permet de régler l'écoulement des liquides, condensés sous pression dans le serpentin, sur le plateau supérieur de la colonne M dans le dôme GG.

Cette colonne ne possède qu'un nombre restreint de plateaux, de 12 à 18 selon les cas et l'importance de la production des appareils.

Au bas de la colonne en K et juste au-dessus du réservoir terminal BB se trouve le dégagement de l'oxygène pur en KK muni d'une flèche indiquant la sortie de l'oxygène.

Un peu plus haut en II un gros tube permet l'introduction d'un courant d'air sec, refroidi par le jeu d'un échangeur en contre-courant des gaz sortant de la colonne.

Un simple ventilateur pouvant donner un courant d'air de 20 à 25 centimètres d'eau de pression, suffit pour actionner cet appareil et lui permettre d'envoyer 500 mètres cubes d'air sec et refroidi, à l'heure, par le tube II entre les plateaux de la colonne NN.

La figure 2 ne représente pas l'échangeur, ni le ventilateur qui peuvent affecter une forme quelconque. Chaque plateau de la colonne est relié à celui qui se trouve au-dessous par un trop-plein LL. Nous n'avons indiqué ces trop-pleins qu'aux plateaux 1, 2 et 3 du haut et dans les 3 derniers du bas ; mais ces trop-pleins existent entre tous les plateaux de la colonne sans exception.

Telle est la description sommaire, mais suffisante de l'appareil.

Les opérations de mise en marche et l'arrivée au régime nous permettront de décrire toute la théorie du *procédé par dissolution* pour la séparation continue de l'air atmosphérique en ses éléments.

Mise en marche. — Nous commençons par remplir tous les plateaux de la colonne AA avec de l'air liquide obtenu par un des procédés quelconques décrits précédemment.

Nous poussons le remplissage jusqu'à ce que le réservoir du bas BB soit entièrement rempli ainsi que tous les plateaux NN.

La colonne AA toute entière ainsi que tous les accessoires, les tubulures, le serpentin, les trop-pleins et les matières isolantes entourant la colonne et les tuyauteries reliant l'échangeur avec la colonne, sont à la température de —195° au moment où s'achève le remplissage de la colonne avec de l'air liquide.

Ce résultat obtenu, on ferme les deux tubulures du bas KK et II, dont l'une amène le courant d'air entre les plateaux et l'autre permet à l'oxygène qui sortira de l'appareil d'aller remplir le gazomètre après avoir traversé l'échangeur.

Ce même échangeur recevra aussi les gaz qui sortiront de la colonne au haut du dôme en HH.

Donc après avoir fermé K et I nous mettons en fonctionnement le compresseur dont le débit est de 150 mètres cubes à l'heure.

Nous savons que les gaz qui se dégagent de l'air liquide contiennent 7 % d'oxygène et 93 % d'azote.

Donc les gaz aspirés par le tube CC et refoulés par le compresseur vont entrer dans le serpentin en EE au bas de la colonne sous une *faible pression*, dès le premier coup de piston du compresseur.

Cette légère surpression des gaz comprimés entraînera instantanément la liquéfaction d'une certaine masse de gaz dans l'intérieur du serpentin.

Immédiatement aussi cette liquéfaction *intérieure* déterminera sur les *surfaces extérieures* de ce même serpentin l'ébullition d'une certaine masse égale en poids *d'air liquide*.

A chaque coup de piston l'opération recommence et une nouvelle masse de gaz se liquéfiera dans le serpentin E et provoquera l'ébullition et la distillation d'une masse équivalente de liquide baignant le serpentin EE.

Comme chaque *quantité de gaz* formés autour du serpentin est rigoureusement égale, par la loi d'Avogadro, à la masse gazeuse liquéfiée, et que cette masse gazeuse liquéfiée est absolument identique à l'apport de gaz à chaque coup de piston, la pression des gaz dans la colonne *sera constante*.

Il se forme autant de vapeur que la compression en aspire à chaque coup et le liquide formé s'accumule peu à peu dans le serpentin EE dans toute sa longueur.

Lorsque le serpentin E est plein, on ouvre la vanne et on laisse le liquide s'échapper au dehors dans le dôme G sur le premier plateau de la colonne M.

Dans cet exposé théorique, nous admettons que la surface des appareils est complètement protégée contre l'apport de la chaleur ambiante extérieure.

Dès que le serpentin E a été rempli et que l'on a ouvert la vanne de réglage F de la sortie, on analyse la teneur des gaz qui sortent du serpentin sur le premier plateau M, du haut de la colonne en GG et les gaz qui peuvent sortir du tube K du bas de la colonne A en entr'ouvrant la vanne de sortie.

Voici alors ce que l'on constate :

1° Tant que le serpentin E de la colonne n'est pas plein de liquide, la pression de liquéfaction intérieure est très faible.

2° La qualité des gaz aspirés par le compresseur reste très sensiblement la même contenant 7 °/₀ d'oxygène et 93 °/₀ d'azote.

Au moment où le serpentin E est plein on constate que le compresseur a fonctionné exactement *trois minutes*.

Pendant ces trois minutes, le compresseur a envoyé 7,7 mètres cubes de vapeur contenant 7 °/₀ d'oxygène et 93 °/₀ d'azote trouvés à l'analyse.

Or le serpentin a environ 25 mètres de longueur et 4 centimètres carrés de section.

Son volume intérieur est de 10 litres.

Ces 10 litres seront pleins de liquide lorsque le poids du liquide sera de 10 kilos environ, la densité de l'azote liquide se rapproche de 1 à ces basses températures de —195°.

En comprimant 7,7 mètres cubes de gaz dont la densité est voisine dans le compresseur de 1,3 gramme par litre, le poids du liquide sera très voisin de 10 kilos, suffisants pour remplir complètement tout le serpentin EE d'un bout à l'autre.

Or après trois minutes de marche régulière on peut constater *brusquement* en quelques secondes que les gaz aspirés par le compresseur passent subitement à 2,8 °/₀ d'oxygène et 97,2 °/₀ d'azote.

En effet les gaz aspirés par le compresseur dans les 3 minutes de fonctionnement ont été les gaz émanant de l'air liquide.

Après trois minutes, au moment où l'on ouvre la vanne de décharge, c'est le liquide dont les vapeurs, avant la liquéfaction, marquaient 7 °/₀ d'oxygène et 93 °/₀ d'azote qui sortent à l'état liquide, donc instantanément les vapeurs qui se dégagent du *liquide nouveau* sortant du serpentin ne marquent plus que 2,8 °/₀ d'oxygène et 97,2 °/₀ d'azote.

Trois minutes plus tard le serpentin s'est vidé et rempli de nouveau et les vapeurs qui se déversent sur le plateau supérieur indiquent seulement :

0,54 °/₀ d'oxygène et 99,49 °/₀ d'azote.

Voici le tableau des valeurs d'oxygène et d'azote dégagés des liquides sortant en fonction de la marche du compresseur :

		7 °/₀ d'oxygène		93 °/₀ d'azote
Mise en marche				
Après 3 minutes		2,8	»	97,2 »
» 6 »		0,54	»	99,49 »
» 9 »		0,13	»	99,87 »
» 12 »		0,03	»	99,97 »
» 15 »		0,006	»	99,994 »
—		0,00	»	100 »

Ainsi après un quart d'heure de marche, l'azote est devenu tellement pur qu'il n'y a plus trace visible, ni mesurable d'oxygène.

Voilà déjà un *point si nouveau*, si capital dans ce système *par dissolution* que nous ne saurions trop insister car il met une *barrière infranchissable* entre les deux méthodes que nous étudions.

Lorsque les gaz aspirés par le compresseur D sont devenus de l'azote *chimiquemeut pur*, on continue l'opération en analysant les gaz qui sortent en K au bas de la colonne au-dessus du réservoir B.

Nous verrons que d'une façon continue le titre de l'oxygène des gaz sortant s'élève.

Lorsque l'azote liquide aura chassé tout l'oxygène au bas de la colonne, on obtiendra de l'oxygène titrant 99,9 °/₀ d'oxygène si on le désire.

En effet il coule à partir du premier quart d'heure de l'azote chimiquement pur sur le plateau supérieur de la colonne ; les 150 mètres cubes comprimés par heure chassent 150 mètres cubes de gaz provenant de la vaporisation du liquide, non seulement de celui placé dans le bas de la colonne mais des liquides contenus dans tous les plateaux NNN.

Ces liquides reçoivent *deux sources de chaleur*, l'une est la chaleur de condensation des vapeurs d'azote pur qui se liquéfient à l'intérieur du serpentin, l'autre est la chaleur de dissolution de l'oxygène contenu dans l'air liquide du début et qui traversant les plateaux de bas en haut, se dissout *dans l'azote* qui coule de haut en bas.

La totalité de l'azote est obligée de redevenir gazeuse, car soit l'oxygène qui se dissout dans le liquide des plateaux, soit l'azote qui se vaporise dans les plateaux supérieurs par l'apport de l'azote gazeux qui se liquéfie à l'intérieur du serpentin, forcent partout *l'azote* à se vaporiser, à se porter au haut de la colonne et cela en volume égal à celui du débit du compresseur D.

C'est là la fin de la période précédant la mise en marche normale.

La situation où nous nous trouvons est celle-ci : Tout l'*oxygène* contenu dans l'air liquide qui remplissait les plateaux et le réservoir du bas de la colonne est amené dans les *plateaux inférieurs*.

Tout l'*azote* contenu dans la masse d'air liquide,

s'est transporté dans les *plateaux supérieurs* de la colonne.

Selon la dimension relative du réservoir du bas et le volume des plateaux, la richesse du liquide du bas de la colonne peut varier au début, mais elle se régularisera forcément par la mise en marche régulière que nous allons décrire.

Nous ouvrons simultanément les deux tubulures KK et H et nous mettons le ventilateur en marche.

Nous réglons la sortie de l'oxygène s'échappant par le tube K allant de là à l'échangeur puis au gazomètre, de telle façon que le volume des gaz qui passe au gazomètre *soit exactement* de 105 mètres cubes de gaz à l'heure. Ce réglage est très facile.

L'air ayant 21 $^o/_o$ d'oxygène, la valeur totale de l'oxygène est 21 $^o/_o \times 500 = 105$ *mètres cubes.*

Ce réglage opéré on laisse marcher l'appareil. Il va se régler automatiquement.

En effet nous comprimons constamment 150 mètres cubes d'azote chimiquement pur qui *arrivent liquides* sur le plateau supérieur de la colonne M et tombent en cascade jusqu'en bas BB.

Nous envoyons 105 mètres cubes d'oxygène et 395 mètres cubes d'azote par heure à l'état gazeux par le ventilateur dans l'espace compris entre les plateaux NN. Ces gaz représentent ensemble 500^{m3} d'air atmosphérique.

Il est évident que les 395 mètres cubes d'azote traverseront tous les plateaux jusqu'en haut, sans aucune modification quelconque et sans pouvoir apporter aucune quantité de chaleur, ne pouvant se *dissoudre dans aucun plateau*, vu leur tension insuffisante.

Par contre les 105 mètres cubes d'oxygène, traverseront ces 150 mètres cubes d'azote chimiquement pur et s'y dissolveront *en totalité*, avec tant de rapidité que les derniers plateaux du haut n'en recevront même aucune trace.

Cette solution d'oxygène dans l'azote pur liquide forcera 105 mètres cubes d'azote à partir sous forme gazeuse.

Voici donc comment s'établira le bilan de la marche normale du procédé par dissolution :

Le compresseur comprime 150 mètres cubes d'azote pur à la pression nécessaire pour liquéfier ce gaz dans le serpentin tout entier.

Or l'effet calorifique de cette liquéfaction est d'abord utilisé dans le réservoir du bas, BB pour faire passer de l'état liquide à l'état gazeux 105 mètres cubes d'oxygène, sortant par K et allant à l'échangeur et de là au gazomètre.

Il reste 45 mètres cubes d'azote *qui ne sont pas encore liquéfiés* dans le serpentin du bas. Ils continuent donc gazeux et achèvent leur liquéfaction dans les spires des plateaux NN qui sont noyées dans les liquides de plus en plus froids.

En effet au bas de la colonne le réservoir est plein d'oxygène liquide pur à — 182°,5 mais les plateaux abaissent leur température jusqu'à — 195°,5 au plateau du haut M.

Donc le liquide en montant se refroidit et utilisant sa chaleur spécifique comme sa chaleur latente, peut chasser à l'état gazeux l'azote par la liquéfaction de ces 45 mètres cubes qui s'effectue dans ces plateaux plus aisément qu'à — 182°,5 température du réservoir BB.

L'expérience nous a montré qu'on fonctionne facilement dans ces conditions à la pression constante de 2,5 atmosphères à 2,7 atmosphères selon la vitesse et le débit du compresseur.

Pendant l'ascension de l'air envoyé par le ventilateur nous avons 500 mètres cubes contenant 105 mètres cubes d'oxygène lesquels chassent 105 mètres d'azote pur ; les 45 mètres cubes d'azote restant, non liquéfiés en bas, chassent aussi 45 mètres cubes d'azote des liquides se trouvant dans les plateaux plus haut, donc nous avons 150 mètres cubes d'azote reconstitués de ce fait qui vont alimenter le compresseur.

Quant aux 395 mètres cubes d'azote entrant avec l'air atmosphérique ils traversent les plateaux s'étant complètement dépouillés de toute trace d'oxygène et ils s'échappent en H *au dehors chimiquement purs*.

On voit dans cette succession logique des phénomènes physiques qui s'accomplissent dans l'appareil représenté sur la figure 2, que *la ressemblance* des deux procédés est absolument superficielle et que le processus du procédé de *rectification* n'est utilisé que comme accessoire dans le *procédé de dissolution* et sous forme de distillation fractionnée.

Pour accentuer encore les différences fondamentales entre l'ancien procédé et le nouveau, nous n'avons qu'à comparer les masses gazeuses et liquides mises en mouvement dans l'appareil récent et dans l'ancien.

Dans l'appareil de la figure 2, on commence par remplir la colonne AA et son réservoir du bas BB avec de *l'air liquide*.

Ce départ est identique et commun aux deux procédés.

Ensuite on met un compresseur D comprimant seulement 150 mètres cubes de gaz à l'heure au lieu de 500 mètres cubes du compresseur D de la figure 1.

On marche ainsi un quart d'heure environ et l'on met en marche un simple *ventilateur*, poussant l'air atmosphérique sous une pression de 20 à 25 centimètres d'eau, dans la colonne *entre les plateaux*.

On reçoit alors d'une façon continue les courants *gazeux constants* qui se produisent automatiquement :

D'une part on obtient par le tube KK 105 mètres d'oxygène aussi pur qu'on le souhaite, d'autre part, par le haut de la colonne en H, s'écoulent 395 mètres d'azote d'une pureté chimique parfaite.

Le problème de la séparation méthodique de l'air atmosphérique en ses éléments, est ainsi résolu d'une façon radicale ; ce qui le distingue d'une façon profonde et indéniable du procédé ancien, basé uniquement sur la rectification, c'est que c'est *l'azote* qui, *avant* et *plus* même que *l'oxygène*, est *obtenu chimiquement pur ! !*

Ce fait révèle immédiatement la *caractéristique* essentielle des autres lois physiques mises en œuvre dans le procédé de dissolution.

Rappelons ici qu'un *procédé de rectification* ne peut être mis en œuvre que si l'on introduit dans un appareil une certaine quantité de *liquides mélangés*, au moins *deux*.

L'opération de la rectification consiste alors à les séparer en deux quantités de liquides différents, sortant au bas et au haut de l'appareil.

Chacun de ces liquides doit être aussi pur que possible et représente un des constituants du liquide mixte introduit dans l'appareil ; le plus volatil sort par le haut de la colonne où il passe liquéfié ou gazeux à volonté, le second sort *par le bas de la colonne* où il est *toujours liquide* dans le réservoir où l'on entretient sa vaporisation. On peut, au lieu de le sortir à l'état liquide, capter ses vapeurs, juste au-dessus de ce réservoir, c'est toujours le liquide le moins volatil.

Cette loi *universelle*, qui fait la base du procédé de rectification, est totalement abandonnée dans le procédé *de dissolution* qui nous occupe.

On n'introduit dans l'appareil schématique qui le représente (fig. 2) que de *l'azote liquide*.

L'opération d'amorçage que nous avons décrite tout au long n'a pour objet que d'obtenir avant tout de *l'azote liquide pur* dans tous les plateaux du haut de la colonne.

Nous pourrions employer un *moyen quelconque* de liquéfaction d'azote, seulement notre méthode décrite nous paraît *si simple* qu'elle est probablement la meilleure... pour le moment.

Quant l'opération même, de séparation de l'air en ses éléments, commence, c'est-à-dire lorsque l'on débute dans l'application industrielle du nouveau procédé, les plateaux NNN de la colonne AAA (fig. 2) sont pleins *d'azote pur* sans mélange d'oxygène.

Alors on met en marche le ventilateur qui provoque l'apport du *mélange gazeux* d'oxygène et d'azote, constituant l'air atmosphérique.

Dans le *procédé de rectification*, aucune chaleur n'est apportée *par le dehors* pour chasser *l'azote liquide*, qui provient de *l'air liquide*, sur les plateaux de la colonne AA (fig. 1).

Dans notre nouveau procédé nous avons d'une part : la chaleur de liquéfaction des *vapeurs d'azote pur* comprimées par le compresseur D, et d'autre part la chaleur de liquéfaction de l'*oxygène gazeux qui se dissout* dans l'azote pur, abandonnant en totalité l'azote gazeux qui continue son chemin.

C'est dans cette phase que l'on *retrouve partiellement* le rôle de la chaleur de dissolution de l'oxygène dans le liquide des plateaux de la colonne AA de la figure 1, mais dans des conditions fondamentalement différentes.

Dans le *procédé de rectification* il faut faire traverser 431,55 mètres cubes d'oxygène au travers des plateaux NNN.

Sur cette masse énorme d'oxygène gazeux, la colonne ne peut en garder théoriquement que 396,31 mètres cubes. Elle en laisse partir avec l'azote un volume de 35,24 mètres cubes perdus, et qui en plus de cela, *contaminent et tuent la valeur commerciale de l'azote qui s'échappe*.

Dans le nouveau procédé, la quantité d'oxygène qui traverse les plateaux NN de la colonne AA (fig. 2) n'est que de 105 mètres cubes apportés, non pas par le liquide du réservoir BB, mais uniquement par l'air atmosphérique gazeux introduit du dehors par le ventilateur.

Ces 105 mètres cubes sont dissous totalement dans 150 mètres cubes d'azote pur, liquéfiés dans le serpentin EE de l'appareil (fig. 2).

Or non seulement la quantité d'oxygène qu'il faut retenir dans la colonne du nouveau procédé passe de 346 mètres cubes, dans l'ancien, à 105 mètres cubes,

5

dans le nouveau, mais les conditions physiques de cette absorption sont tout autres.

Ici l'air atmosphérique barbotte dans de l'azote *liquide pur* qui lui-même est *mis en état de mousse* par l'ébullition active que provoque la liquéfaction de l'azote dans le serpentin, laquelle constitue une source de chaleur entièrement *indépendante de la chaleur de dissolution de l'oxygène.*

Cette mousse abondante transforme l'*azote liquide pur* en une surface d'*absorption gigantesque* qui arrive ainsi à capter les *moindres traces d'oxygène pendant le barbottement.*

L'azote arrive donc au haut de la colonne à l'état gazeux ramené à l'*état de pureté parfaite*, ce qui est **physiquement radicalement impossible avec le procédé de rectification.**

Voyons maintenant les différences complémentaires qui caractérisent le nouveau système de dissolution au point de vue de l'*effort mécanique*, ou de la quantité d'énergie consommée par ce procédé avec l'ancien procédé.

Chapitre VIII

Calcul de la force motrice

Il est bien évident que les phénomènes physiques que nous avons minutieusement décrits dans les pages précédentes exigent l'emploi d'une *force motrice* permanente, dont nous allons établir la valeur numérique à l'*état de régime normal*.

C'est ici que la valeur commerciale du nouveau procédé s'établira d'une façon péremptoire.

Le nouveau procédé emploie *quatre forces motrices* spéciales pour actionner *quatre organes mécaniques indépendants* les uns des autres.

1° Un compresseur aspirant 150 mètres cubes d'azote pur sous la pression atmosphérique et les refoulant à 2,5 atmosphères.

Nous savons par l'expérience de plusieurs centaines de compresseurs fonctionnant dans ces conditions de pressions et de volumes avec les gaz de nos machines frigorifiques, qu'un semblable compresseur absorbe en marche normale et régulière :

Travail de compression $=$ 7,8 chevaux

Il comprime $41^l,7$ par seconde avec une pression moyenne au diagramme de $1^k,4$ soit 14 kilogram-mètres par litre au maximum.

2° La colonne du nouveau système est beaucoup plus petite que celle de rectification.

Au lieu de 82 plateaux, au lieu d'avoir d'énormes masses de gaz à capter et à laisser courir dans les calottes ou les trous des plateaux, nous n'avons plus que 12 à 15 plateaux et ils n'ont à retenir que 105 mètres cubes d'oxygène à l'heure au lieu de 346 mètres cubes par le procédé ancien.

Diminution dans la hauteur de la colonne, diminution dans le diamètre de la colonne, nous réduisons la perte de l'*azote liquide* nécessaire pour compenser les apports de chaleur dûs au rayonnement et à la conductibilité à 11 litres d'azote liquide par heure.

Cette quantité pourra même être réduite à l'avenir.

L'appareil est bien meilleur marché et des dispositions prises dans la construction spéciale de cet appareil et que nous ne décrirons pas ici, permettent à la liquéfaction de l'azote de s'opérer dans toute la longueur du serpentin d'une façon constante et à l'acide carbonique d'être éliminé constamment et cela sans filtre et sans déperdition.

Il est évident que l'on peut si l'on veut alimenter la colonne pour couvrir les pertes avec de l'air liquide au lieu d'azote, il suffit alors de laisser tomber le liquide d'apport sur les plateaux de la colonne AAA là ou le liquide qui s'y trouve normalement à l'état de régime ne contient plus que 21 % d'oxygène et de 79 % d'azote.

Mais comme nous obtenons de l'azote gazeux chimiquement pur du haut de la colonne, les appareils à liquéfaction opèrent avec l'azote pur comme avec l'air atmosphérique.

Les dépenses de liquéfaction restent les mêmes.

L'azote est ici complètement épuré de son acide carbonique.

Or ces 11 litres d'azote pur liquides ou d'air liquide exigent dans nos conditions normales de 500 centimètres cubes par cheval-heure : *22 chevaux-heure.*

3° Comme dans l'ancien procédé nous devons *travailler* l'air atmosphérique pour lui ôter *son humidité.*

L'acide carbonique s'élimine automatiquement, mais la vapeur d'eau doit être rigoureusement enlevée de la façon la plus absolue, et cela à l'aide de l'emploi des basses températures obtenues par une machine frigorifique spéciale.

Dans l'ancien procédé de rectification, nous avions à travailler, tant pour ôter l'acide carbonique que pour supprimer l'effet fâcheux de l'humidité, 500 mètres cubes d'air, pour le régime normal de la colonne et 350 mètres cubes d'air nécessaires à la liquéfaction de 32 litres d'air liquide obligatoires pour le maintien des températures basses des appareils.

Dans le nouveau système la colonne AA fournit en H un courant constant d'azote pur, dépourvu dès sa sortie de toute trace d'humidité et d'acide carbonique. Donc le travail de deshydratation ne s'adresse plus qu'à 500 mètres cubes d'air envoyés par le ventilateur dans l'appareil.

La deshydratation de l'azote gazeux pur servant à la liquéfaction de 11 litres d'azote liquide disparait comme inutile.

Reste encore l'emploi de la machine frigorifique pour abaisser la température de l'azote comprimé avant l'échangeur final le conduisant au moteur adiabatique déterminant la liquéfaction du gaz.

La puissance frigorifique de la machine est réduite au-dessous du tiers de la machine employée dans l'ancien système.

La machine frigorifique sera comptée pour 5 chevaux amplement suffisants et que l'on pourrait encore réduire à 3 ou 4, si on le voulait, en augmentant légèrement les surfaces des échangeurs de température.

4° Enfin il nous faut actionner le ventilateur chassant dans la colonne 500 mètres cubes d'air sous une pression de moins de 50 centimètres d'eau.

Cette pression est inférieure à $1/_{20}$ d'atmosphère.

Le travail nécessaire est donc au maximum de :

$$10^K \times 500,000^{\text{litres}} \times 0^K,04 = 200,000 \ kilogrammètres$$

soit estimé à 1 cheval-heure, ce dernier donnant 270,000 kilogrammètres ou 75 kilogrammètres par seconde.

Récapitulation :

Le travail normal du nouveau système *par dissolution* obligatoirement fourni pour le maintien de l'état de régime sera donc de :

1° Compresseur d'azote prend..........   7,8 chevaux
2° 11 litres d'azote liquide par heure pour
     maintenir le régime des températures. 22,0   »
3° Machine frigorifique   5,0   »
4° Ventilateur sous faible pression   1,0   »

Travail total heure **35,8** *chevaux*

Avec 35,8 chevaux on obtient par heure de travail :

1° 105 mètres cubes d'oxygène pur
2° 395 mètres d'azote chimiquement pur.

Si nous ne considérons que le rendement en oxygène, le travail dépensé par mètre cube est de :

1 mètre cube d'oxygène pur pour $0^{ch.}$,34 cheval.

Si nous ne considérons que le rendement en azote le travail obligatoire pour 1 mètre cube d'azote sera :

1 mètre cube d'azote chimiquement pur exige = $0^{ch.}$,09

ou environ $0^{ch.}$,1 *soit un dixième de cheval.*

Si nous admettons les deux gaz ensemble comme produits cherchés et vendus à l'industrie, le mètre cube du mélange coûte alors en force motrice :

1 mètre cube mélange, pour 500 mètres cubes air :
1 mètre cube = $0^{ch.}$,07 cheval.

Nous avons donc *par cheval-heure*, rendement normal :

1 cheval-heure donne $\begin{cases} Oxygène \ \ 2,94 \ \text{mètres cubes} \\ Azote \ \ \ \ 11,05 \ \ \ \ \ \ » \end{cases}$

En chiffres ronds on peut dire que l'on obtient par le nouveau procédé *trois mètres cubes d'oxygène pur et 11 mètres cubes d'azote par heure et par cheval.*

Le nouveau procédé *transforme totalement* les voies et moyens connus jusqu'ici pour séparer l'air atmosphérique en ses constituants.

Chapitre IX

Discussion des résultats précédents

Afin de laisser comprendre par le lecteur l'économie complète du nouveau système, *par dissolution*, nous allons discuter les résultats en faisant varier les facteurs, les surfaces du serpentin, le nombre des plateaux, etc.

Nous avons pris l'appareil de la figure 2 en marche normale.

Débit du compresseur

Commençons par discuter sur *le débit du compresseur D*.

Quelle est la *valeur minimum* que l'on peut donner à son débit pour ne pas compromettre le résultat cherché?

L'inspection de la figure 2 et des calculs du bilan des gaz nous montre de suite que le *volume minimum* de mètres cubes d'azote que le compresseur D doit comprimer par heure, est forcément égal *au volume en mètres cubes d'oxygène pur* qui entre avec l'air atmosphérique dans le même temps et dont on veut séparer les constituants.

En effet dès le bas de la colonne AA nous avons un serpentin E noyé dans *l'oxygène liquide pur* et communiquant avec le compresseur D qui lui envoie l'azote à liquéfier.

Cette quantité d'azote, d'après la loi d'Avogadro,

doit avoir un volume égal au volume d'oxygène pur que l'on chasse dans l'échangeur et par là au gazomètre. *C'est la quantité minimum.*

Or, cette quantité représente la totalité de l'oxygène contenue dans l'air introduit dans la colonne.

Si donc on abaissait le débit du compresseur D *au minimum* on lui ferait comprimer 105 mètres cubes d'azote.

Dans ce cas *la totalité* de ces 105 mètres cubes d'azote devraient *se liquéfier en totalité* dans la partie du serpentin contenue dans le réservoir BBB.

On devrait donc porter la pression à une valeur telle que tout l'azote se liquéfie à — 182°,5, ce serait environ 5 atmosphères absolues.

La vanne de réglage F serait suffisamment fermée pour que les 150 mètres cubes d'azote gazeux *deviennent liquides* au-dessous du tube KK, tube de sortie de l'oxygène à l'extérieur de la colonne.

Le liquide monte dans le serpentin E et se refroidit progressivement de plateau en plateau jusqu'au haut de la colonne, cette chaleur abandonnée au liquide des plateaux, évapore une petite quantité d'azote liquide sur les plateaux.

Cette chaleur s'ajoute à la chaleur dégagée par la dissolution de l'*oxygène dans l'azote liquide* qui descend de haut en bas.

Or, cette chaleur représente la totalité, en poids, de l'oxygène entrant dans la colonne, multipliée par sa chaleur de liquéfaction à laquelle il faut ajouter la chaleur spéciale due à la dissolution de l'oxygène dans l'azote pur.

De même que si vous avez 1 litre et demi d'alcool

pur et que vous y versiez 1 litre d'eau à la même température que l'alcool, vous voyez la température du mélange *s'élever spontanément* par le dégagement de la chaleur de dissolution de l'alcool dans l'eau ; de même dans la colonne AA la dissolution des 105 mètres cubes d'oxygène apportera par son coefficient de chaleur de dissolution, une petite quantité de chaleur, en plus de sa chaleur de liquéfaction.

L'azote qui se dégage de l'oxygène sur les plateaux recevra donc du bas de la colonne deux quantités de chaleur simultanément :

1° La chaleur spécifique de 105 mètres cubes d'azote liquéfiés et abaissant leur température pendant leur trajet dans la colonne de K en F de — 182°,5 à — 195°,5.

2° La chaleur de *condensation totale* (chaleur latente et chaleur de dissolution) de 105 mètres cubes d'oxygène qui entrent avec les 500 mètres cubes d'air et se dissolvent dans l'azote liquide pur.

L'action du compresseur D sera uniquement consacrée à chasser 105 mètres cubes d'oxygène liquide du réservoir BB dans le gazomètre sous forme gazeuse tout en liquéfiant totalement 105 mètres cubes d'azote qui en sont l'équivalence thermique (moins la chaleur de dissolution à l'état liquide).

A partir du réservoir BB la liquéfaction de l'azote est complètement achevée dans le serpentin E.

La chaleur spécifique de l'azote liquide qui se refroidit en montant de plateau en plateau et la dissolution de l'oxygène de l'air dans l'azote, reconstituent leur équivalent thermique en dégageant 105 mètres cubes d'azote gazeux pur.

Le bilan calorifique des gaz qui entrent et sortent

prouve ainsi que c'est la limite théorique du débit minimum du compresseur D ; dès qu'on lui ferait aspirer et comprimer moins de 105 mètres cubes d'azote à l'heure, le volume d'oxygène récolté par le gazomètre au travers du tube K serait en déficit et le *régime ne serait pas possible*.

Par contre nous pouvons sans aucun danger augmenter le débit du compresseur D.

Supposons qu'on lui fasse aspirer et comprimer un volume *double* du volume de l'oxygène contenu dans 500 mètres cubes, soit 210 mètres cubes à l'heure.

Le bilan des gaz donnera ceci :

On fera évacuer du réservoir B sous forme gazeuse un volume de 105 mètres cubes d'oxygène pur dans le gazomètre et 105 mètres cubes d'azote encore non liquéfiés se liquéfieront dans le serpentin E des plateaux de la colonne.

Cette liquéfaction de l'azote liquide sera très active et s'accomplira sur 6 à 7 plateaux seulement au lieu de 10 à 12.

En même temps la température intérieure du serpentin E devra s'élever pour communiquer au liquide dans lequel il baigne, une quantité double *de calories* de celle qu'il cède au liquide dans le premier cas.

La pression de liquéfaction de l'azote, c'est-à-dire celle de la compression des gaz dans le compresseur D devra s'élever et on marchera à 3 atmosphères au lieu de 2,5 atmosphères.

Telle est la conséquence immédiate de cette augmentation de débit du compresseur D.

La dépense en force motrice augmentera et passera de 7,8 chevaux à 10 par exemple.

Le rendement en *oxygène* et *azote* sera exactement le même, c'est-à-dire 105 mètres cubes d'oxygène pur et 395 mètres cubes d'azote pur, mais la colonne *sera réduite* en hauteur car elle n'a plus besoin que de 6 à 7 plateaux pour chasser totalement l'azote liquide.

Le prix de l'appareil est moindre et la quantité d'azote liquide par heure pour compenser les apports de chaleur ambiants diminuera un peu en raison des diminutions apportées aux dimensions des organes de la colonne.

Pour la dissolution de l'oxygène dans l'azote, elle sera encore totale, car les mousses seront plus abondantes dans chaque plateau et la surface d'absorption de l'oxygène croîtra proportionnellement au débit du compresseur D.

Il y a ainsi des avantages et des inconvénients à augmenter le débit du compresseur D.

Les avantages consistent essentiellement dans la réduction du nombre des plateaux, dont chacun se rapproche d'un appareil de distillation fractionnée *très actif* par son fonctionnement.

Un second avantage, découle immédiatement du premier, c'est la diminution des pertes dues au rayonnement, on les compense avec un plus petit volume d'azote liquide.

Les inconvénients résident dans une élévation de la force motrice exigée par le compresseur qui marchera à 3 atmosphères au lieu de fonctionner à 2,5 atmosphères.

Par suite de l'écoulement plus rapide du liquide reconstitué dans le serpentin E, la vanne de réglage F a un maniement plus délicat qu'aux pressions plus faibles.

Avec un peu d'attention le réglage s'obtient d'une façon parfaite sans modification sensible dans les résultats ni sur la récolte des gaz obtenus.

Ainsi toute augmentation de débit du compresseur D élève la consommation de l'énergie motrice, elle diminue par contre le prix des appareils et la perte due au rayonnement.

L'étude complète de cette question nous a fait adopter le coefficient 1,5 pour le rapport entre l'oxygène à récolter de l'air aspiré et refoulé dans la colonne et le débit du compresseur D.

Nous avons trouvé qu'un débit de 150 mètres cubes pour le compresseur D, comprimant et liquéfiant ces gaz, permet de récupérer intégralement les 150 mètres cubes d'azote liquide retournant au compresseur, de laisser partir au haut de la colonne en H une quantité permanente de 595 mètres cubes d'azote pur, provenant de l'air, plus environ 8 mètres cubes d'azote pur provenant des 11 litres d'azote liquides introduits pour le maintien du régime.

Nous avons donc, comme résultat effectif, lorsque l'on applique dans toute son étendue le nouveau procédé à la séparation méthodique de l'air en ses constituants les nombre suivants :

Avec 35,8 chevaux { 105 *mètres cubes d'oxygène pur*
on récolte { 403 mètres cubes d'azote pur

La pression dans tout l'appareil est comprise entre 1,03 atmosphères et 2,5 atmosphères.

La pression 1,03 atmosphère est mesurée dans la colonne entre les plateaux et la pression 2,5 atmosphères dans le serpentin E pendant la marche normale.

L'azote est chimiquement pur.

L'oxygène est à 98 ou 99 °/₀ de pureté ou moins si l'on désire.

Variations de la pression

Voyons maintenant l'influence *de la variation arti-ficielle de la pression de l'azote comprimé* par le compresseur D. Quelle sera *l'influence de sa diminution* et après nous examinerons *l'influence de son augmentation*.

Nous savons que la vanne F qui termine le serpentin dans le haut de la colonne règle par son ouverture variable à volonté le *débit en liquide* du serpentin sur le plateau supérieur de la colonne.

Il suffit donc d'ouvrir un peu la vanne et aussitôt la pression normale de 2,5 atmosphères tombera à 2,0, 1,7, 1.00 et 0,5 atmosphère, comme on le voudra.

Dès que la pression sera descendue d'un quart ou d'une demi-atmosphère, le serpentin noyé dans le réservoir BB du bas de la colonne ne pourra plus libérer un volume de 105 mètres cubes d'oxygène pur.

Au lieu de condenser 105 mètres cubes d'azote pur dans ce serpentin au-dessous de KK, le compresseur ne condensera que 80 à 85 mètres cubes d'azote pur environ.

Il y aura par conséquent 150 mètres cubes moins 85 mètres cubes d'azote qui se liquéfieront dans les plateaux de la colonne où le serpentin E se développe.

Comme la température de ces plateaux est de plus en plus basse à mesure qu'on s'élève, la totalité de l'azote se liquéfiera quand même.

L'abaissement de pression du compresseur ne fera

donc que *modifier la place, la zone où la liquéfaction s'accomplit.*

Quant à la chaleur dégagée par cette liquéfaction de l'azote dans les serpentins des plateaux elle reste très sensiblement constante.

Ce qui va changer c'est ceci :

L'oxygène des 500 mètres cubes d'air qui entrent régulièrement dans la colonne se dissoudra totalement dans le liquide des plateaux ; ce point est absolument indépendant de la pression qui règne dans le serpentin E, mais la condensation des mètres cubes d'azote qui n'ont pas pu se liquéfier dans le réservoir BB s'effectuera dans les plateaux de la colonne qui sont au-dessus du réservoir BB. Ces plateaux débitent de l'oxygène et de l'azote mélangés selon la qualité des liquides qu'ils contiennent.

Or le tuyau KK débite toujours 105 mètres cubes, il doit par conséquent laisser passer des gaz, non seulement tous les gaz qui viennent du réservoir B, mais encore des gaz qui descendent des plateaux du bas de la colonne et qui ne peuvent pas, en totalité, s'écouler par H au sommet de la colonne comme nous allons le démontrer.

En effet tout l'oxygène est constamment retenu dans les plateaux de la colonne et *porté dans le bas mécaniquement* à l'état liquide. Cet oxygène, s'il n'est pas chassé par de l'azote, enrichira toujours plus l'azote des plateaux du bas et en chassera progressivement l'azote liquide qui lui ne devient gazeux que dans les plateaux qui peuvent condenser de l'azote dans l'intérieur du serpentin E.

La liquéfaction de l'azote ne pourra donc s'achever

que si l'on permet à ces plateaux au-dessus du réservoir BB de débiter les gaz qu'ils évaporent, *dans le bas par l'orifice KK*, au lieu de les diriger vers le haut de la colonne.

Ce point de la marche des phénomènes dans cet appareil est également très important, car il caractérise l'élasticité de l'appareil du procédé par dissolution et marque une différence essentielle avec le procédé de rectification.

Ainsi tout abaissement de pression dans le compresseur D oblige immédiatement, *pour le maintien d'un régime constant*, à ouvrir un peu plus la vanne du tube K et à laisser passer plus de 105 mètres cubes de gaz à l'heure.

Tout l'oxygène de l'air y passera à l'état gazeux plus un peu d'azote qui provient des plateaux où s'achève la liquéfaction des 150 mètres cubes d'azote comprimés par le compresseur D.

Au même moment il faut fermer un peu la vanne qui règle l'écoulement de l'azote gazeux en H et diminuer son débit exactement de la *quantité dont s'est accru le volume des gaz sortant par le tube KK.*

En changeant la pression 2,5 atmosphères sous laquelle tout l'azote nécessaire à la sortie des 105 mètres cubes d'oxygène pouvait se liquéfier dans le serpentin placé en BB, il faudra ouvrir un peu plus la vanne qui commande la sortie des gaz en KK et porter le débit à 120 mètres cubes par exemple.

Ces gaz sortant seront composés de 105 mètres cubes d'oxygène et de 15 mètres cubes d'azote.

Au même moment on fermera un peu la vanne de la sortie H et on ne laissera passer que 395 — 15

mètres cubes = 385 mètres cubes d'azote au gazomètre d'azote chimiquement pur.

L'azote sera resté chimiquement pur, mais l'oxygène sera tombé à 0,875 % par l'addition de
15 mètres cubes d'azote venus des plateaux placés
plus haut que KK.

Il faut se rappeler, pour suivre facilement ce qui se
passe dans la colonne, que pour toute surélévation de
pression au-dessus de la pression atmosphérique,
l'azote pur comprimé par D peut se liquéfier en totalité dans les plateaux supérieurs de la colonne qui ne
contiennent que de l'azote liquide.

Or l'oxygène ne doit jamais arriver dans les plateaux supérieurs, il est constamment et mécaniquement porté en bas.

Le volume d'azote liquéfié en BB dans le cas d'un
abaissement de la pression est insuffisant pour faire
évaporer autour du serpentin 105 mètres cubes d'oxygène, il n'en fait évaporer que 90 mètres cubes ; pour
compléter le cycle et maintenir le régime il faudra
évaporer dans des plateaux plus froids le reste de
l'oxygène, soit 15 mètres cubes, qui apporteront avec
eux 15 mètres cubes d'azote qu'ils n'ont pas encore
pu chasser par dissolution dans les plateaux du bas de
la colonne où se trouve un mélange d'azote et d'oxygène.

Ainsi plus on baissera la pression, plus la liquéfaction de l'azote comprimé par le compresseur D s'effectuera dans les plateaux supérieurs de la colonne et en
équivalence avec l'oxygène qui parviendra forcément
au-dessus du réservoir BB, il faudra augmenter le
débit du tube KK et diminuer le débit de la sortie H.

6

L'azote qui sort par H reste toujours de l'azote chimiquement pur, mais *la quantité* qui en sort diminue en proportion de l'abaissement de pression dans le serpentin EE.

Pour l'oxygène qui sort en KK sa pureté est parfaite au maximum de pression suffisante pour faire liquéfier un volume égal d'azote dans le serpentin E du réservoir B, au volume d'oxygène contenu dans l'air apporté par la ventilation dans la colonne.

A partir de cette pression normale supérieure, toute diminution de pression diminue la pureté de l'oxygène et augmente le volume des gaz qui s'écoulent par KK.

Ainsi la diminution de pression de l'azote comprimé par le compresseur D produit simultanément les effets suivants :

1° Elle diminue la qualité de l'oxygène en pureté.

2° Elle augmente le volume du courant d'oxygène dont la pureté diminue.

3° Elle diminue la quantité du volume d'azote qui sort de H.

4° Elle conserve la pureté de l'*azote intacte.*

Il est donc possible de donner directement de l'oxygène au degré de pureté que réclame n'importe quelle industrie.

Il suffit d'abaisser la pression de liquéfaction de l'azote dans le réservoir BB jusqu'au point où l'on atteint le degré cherché.

On voit de suite que *le prix de revient de l'oxygène* en force motrice baisse avec la *pureté du gaz* que l'on fabrique.

Pour chaque qualité on peut ainsi établir le prix

correspondant et fournir d'emblée à un atelier métallurgique ou chimique l'oxygène dans la teneur la plus
exacte pour les besoins à satisfaire.

Discussion relative aux surfaces de l'appareil

Plus l'appareil sera grand plus le rayonnement aura
une grande influence *sur le coût du régime*.

Il y a donc intérêt à réduire le plus possible la surface de la colonne et des plateaux.

Plus l'appareil sera petit, plus réduite sera la surface de liquéfaction de l'azote, soit dans le serpentin
noyé dans le réservoir BB, soit sous les plateaux superposés de la colonne. De là la pression de liquéfaction
montera et la force motrice sera la cause d'une élévation des prix de revient des deux gaz.

Il faut donc construire les appareils d'une façon
logique en établissant les courbes de l'influence des
surfaces sur la pression de régime, et l'influence des
surfaces sur les pertes dues au rayonnement.

En superposant les courbes et y ajoutant le prix de
construction des appareils, on obtient par la simple
discussion des courbes les coefficients du *maximum de
rendement*, tant en oxygène qu'en azote.

C'est sur ces données théoriques et expérimentales
que nous construisons nos appareils industriels.

Ces appareils sont construits spécialement dans le
but de *supprimer l'acide carbonique automatiquement*
et de faire rendre à chaque plateau un *travail en
calories constant*, en utilisant la théorie *du moindre
effort*.

Chapitre X

Comparaisons finales entre le procédé
par rectification et le procédé
par dissolution

Nous pouvons maintenant établir sur les points capitaux les différences fondamentales qui séparent totalement ces deux procédés, réunis seulement par leur but commun, la séparation de l'air en ses constituants : l'oxygène et l'azote.

1° Dans le procédé *de rectification*, soit dans tous les brevets pris de 1899 à 1904, la matière première qui sert aux opérations est l'*air liquide*, mélange d'oxygène et d'azote liquide que l'on rectifie par l'emploi de la récupération de l'air liquide, *caractéristique du brevet de 1899* sans contestation possible.

2° Les appareils construits *d'après tous ces procédés* sans aucune exception, donnent toujours de l'azote associé à 7 °/₀ d'oxygène, *soit une perte du tiers de la quantité totale d'oxygène contenue dans l'air travaillé.*

3° Les colonnes à rectifier contiennent de 82 à 110 plateaux et ont toutes des dimensions considérables qui occasionnent des pertes dues au rayonnement et à la conductibilité des matériaux employés.

·4° Dans le *procédé par dissolution* la matière première au moment de l'*établissement du régime* est uniquement l'*azote liquide*.

5° Le compresseur qui opère, ne comprime que moins du tiers du volume de l'air qui sera dépouillé de son oxygène.

6° L'azote sort le premier de l'appareil mis en marche à l'état de *pureté parfaite* et conserve sa pureté quelle que soit la qualité de l'oxygène que l'on veut obtenir par ce même appareil.

7° Le volume de l'air atmosphérique à travailler pour lui enlever son humidité est presque la moitié de la quantité réclamée par le procédé de rectification.

8° Cette quantité d'air, source de l'oxygène et de l'azote, entre dans l'appareil sous une pression inférieure à un vingtième d'atmosphère et se partage d'une façon continue en deux courants : l'un *d'azote chimiquement pur*, l'autre *d'oxygène à tous les degrés de puretés que l'on demande*.

Les pertes d'oxygène sont nulles, chose impossible à réaliser par le procédé de rectification.

9° Le nombre des plateaux de la colonne de séparation est réduit *au quart* du nombre des plateaux de la colonne de rectification, ou même davantage.

10° La perte due au rayonnement dans les colonnes du procédé par dissolution est moins du tiers des pertes constatées dans les colonnes à rectification.

11° Dans le procédé par rectification l'azote n'a aucune valeur marchande, étant donnée la présence constante de 7 °/₀ d'oxygène.

12° Dans le procédé par dissolution, l'azote et l'oxygène *sont au maximum de pureté*.

13° Par le procédé de rectification, l'oxygène seul vendable exige :

1,6 cheval pour obtenir *1 mètre* cube d'oxygène.

Par le procédé de dissolution on obtient pour

1 cheval donné } *3 mètres* cubes *d'oxygène pur*
11 mètres cubes *d'azote pur*

14° Le prix des appareils de *rectification* est *très supérieur* aux appareils basés sur le principe de *dissolution*.

15° L'appareil industriel construit sur les données théoriques qui précèdent, élimine automatiquement l'acide carbonique pendant la marche, sans l'emploi d'aucun filtre et utilise, par plusieurs serpentins parallèles, le principe du moindre effort pour la séparation intégrale de l'air atmosphérique en ses éléments.

Chapitre XI

Conclusions générales

Et maintenant que toutes les conditions techniques, théoriques et pratiques de ce nouveau système, pour transformer l'air en ses éléments, ont été examinées et discutées, voyons les conclusions naturelles qui se dégagent de ce réel progrès, signalant l'état actuel de ce grand problème économique.

Le procédé *par dissolution* de l'oxygène dans l'azote pur, puis de l'expulsion de l'azote liquide par la chaleur latente de l'azote gazeux passant à l'état liquide dans *l'intérieur du serpentin*, rappelle complètement le procédé Brain basé sur l'action spéciale de *la baryte*.

En faisant passer un courant d'air sur de l'oxyde de baryum on le transforme à l'état de bioxyde si la température n'est pas trop élevée, et la pression de l'air un peu surélevée sur la pression atmosphérique.

En élevant la température du bioxyde de baryum *formé* et en provoquant *un certain vide* sur le bioxyde, celui-ci *abandonne l'oxygène* et redevient du *protoxyde*.

La baryte, sous ces deux états, représente donc une *éponge* qui se remplit d'eau d'un côté et qu'on presse un peu plus loin pour lui faire rendre cette eau.

Une aspiration de l'eau dans l'éponge, une compression de l'éponge qui rend l'eau *ailleurs* que là où elle l'a prise, tel est le système employé autrefois avant les procédés de 1899 et 1902 concernant la rectification de l'air liquide.

Or, dans le procédé de dissolution, nous voyons que l'azote liquide joue un rôle très analogue à la baryte. L'azote pur absorbe l'oxygène de l'air exactement comme une éponge absorbe l'eau, ou comme l'oxyde de baryum l'absorbe, en se transformant en bioxyde ! Les *forces capillaires* de l'éponge, les *forces de dissolution* de l'azote, les *affinités chimiques de la baryte pour l'oxygène*, opèrent mécaniquement d'une façon presque identique et enlèvent à l'air atmosphérique son oxygène.

En chauffant le bioxyde, en chauffant la solution d'oxygène dans l'azote liquide, on chasse l'oxygène du bioxyde, on chasse l'azote et on garde l'oxygène dans le cas de la solution.

Dans l'un c'est l'éponge qui rend l'eau, dans l'autre c'est la baryte qui rend l'oxygène, dans notre cas c'est l'oxygène qui rend l'azote obligé de partir par l'apport de chaleur.

Les forces physiques et chimiques mises en jeu dans ces opérations *sont faibles*. Elles exigent un travail, une dépense d'énergie *faible*.

L'azote liquide *absorbe totalement* l'oxygène, ce que ne peut pas faire *la baryte*.

L'opération par *l'azote liquide* est continue et s'exécute sans changement de température et sans aucun renversement de courant, ou modification de direction dans les gaz *allant aux gazomètres*.

Si nous ajoutons que nos dernières dispositions mécaniques apportées à ce *procédé par dissolution* permettent à l'azote gazeux comprimé dans le serpentin des plateaux d'y être dosé de telle façon que chaque plateau reçoit une quantité de calories égale quelle que soit sa place dans la colonne ; si en outre nous supprimons automatiquement, sans filtre, sans arrêt et sans perte, *tout l'acide carbonique* contenu dans l'air et que nous l'accumulons dans des réservoirs d'acier propres à la vente, sans aucun travail spécial de compression, nous pouvons affirmer que le *procédé par dissolution* est aussi *le procédé par le moindre effort !*

C'est le procédé le plus économique, car il transforme d'une façon constante un courant d'air atmosphérique en deux courants continus, l'un d'azote chimiquement pur, l'autre d'oxygène à n'importe quel degré de pureté on le désire, avec le minimum d'effort compatible avec le changement d'état de la plus petite masse d'azote, susceptible de dissoudre totalement l'oxygène de l'air.

Les organes opérant ces transformations physiques sont tous d'une parfaite simplicité et à peu près *inusables.*

Le travail de compression est réduit aux inéluctables conditions du transport de la chaleur au travers des surfaces métalliques du serpentin, et à l'énergie dépensée pour la liquéfaction d'un poids d'azote pur destiné à compenser les apports de la chaleur ambiante.

Comme les appareils sont ramenés par leur fonctionnement spécial à présenter *le plus petit volume* compatible avec leur emploi, les pertes sont *ipso facto* réduites au minimum.

Voilà en somme l'état actuel du problème. Avec un

cheval-heure on fournit constamment *11 mètres cubes d'azote chimiquement pur* et *3 mètres cubes d'oxygène à 98,99 °/₀ de pureté.*

C'est affirmer qu'après l'air atmosphérique lui-même, c'est l'azote pur et l'oxygène pur qui sont devenus les gaz les *moins chers.*

Ce nouveau procédé ouvre donc *la voie* à toutes les grandes applications de ces *deux gaz* qui jusqu'ici étaient inabordables à cause du prix de l'oxygène et *l'impossibilité* où l'on était d'obtenir de *l'azote chimiquement pur* en grandes masses.

La question de *l'éclairage public et privé* s'ouvre de nouveau pour toutes les grandes villes.

Nous obtenons avec un mélange de gaz d'éclairage et d'oxygène de *5 à 6 bougies-heure par litre de mélange.* Ce résultat est établi par une longue série de recherches tant sur les brûleurs spéciaux que sur les éléments qui les constituent.

La lumière à l'oxygène est identique comme richesse de couleurs aux rayons solaires.

Le spectre des flammes éclairantes *par incandescence* donne une image identique au spectre du soleil.

Les photographies obtenues à la lumière de l'oxygène ont les mêmes qualités que celles obtenues en plein jour dans les meilleurs ateliers.

Le portrait de M. Pictet reproduit dans cet opuscule est obtenu par un cliché tiré à la lumière de l'oxygène.

Toute la *métallurgie* devient le client le plus important de *l'oxygène* et de *l'azote.*

On peut traiter tous les gisements, spécialement ceux de *fer au titane* représentant des *montagnes* de fer inexploitées à ce jour vu l'impossibilité de fondre et de réduire ces minerais réfractaires.

Les aciéries, avec ces deux gaz, produiront toutes les qualités les plus précieuses des aciers spéciaux.

Toute la céramique, le travail du quartz, si important par ces applications multiples, sont ouverts comme les débouchés immédiats de ces gaz à vil prix !

L'hygiène et la thérapeutique attendent aussi la vulgarisation de l'oxygène pour les traitements d'une foule de maladies. Le bas prix ici est obligatoire et devient la condition *sine qua non* de son application d'une façon générale.

La conservation des denrées alimentaires attend *l'azote pur* qu'elle guette depuis de longues années.

Les entrepôts remplis de substances organiques délicates conservent ces substances dans un excellent état si l'on remplace par *l'azote pur* l'oxygène et l'azote qui constituent l'atmosphère ambiante.

Les écoles, les bureaux, les salles de concert, de théâtre seront bien autrement ventilés, aérés, purifiés, aseptiés si l'on peut y porter un appoint d'oxygène. Tout cela est absolument impossible à l'heure actuelle avec les anciens procédés.

On peut prévoir le moment où les cheminées des villes ne jetteront plus de fumée dans le ciel !

Enfin un chapitre de première importance s'ouvre à l'humanité par les bienfaits incalculables que l'azote et l'oxygène peuvent apporter *à l'agriculture*.

On sait que de jour en jour les grands dépôts naturels du salpêtre du Chili s'épuisent par leur exploitation intensive !

On a calculé que d'ici 20 à 50 ans ces dépôts ne seront plus qu'un souvenir.

Que faire devant les besoins croissants des grandes villes dont l'alimentation constitue un problème effrayant d'importance et de nécessité de chaque heure ? La culture intensive établie autour des grandes métropoles oblige le cultivateur à se servir d'abondantes quantités d'engrais.

Or, les engrais se composent tous sans exception de produits ammoniacaux ou de produits azotés comme les nitrates, dont les salpêtres du Chili forment la base actuelle.

Avec *l'oxygène*, *l'azote* et *l'hydrogène* purs et à bon marché, toutes les synthèses de l'acide azotique conduisant aux nitrates de soude, nitrates de chaux, de potasse, etc. sont ouvertes.

On sait qu'en Norvège, sous l'action des courants électriques à bon marché, vu les forces hydrauliques abondantes dans ces contrées, on fabrique aujourd'hui des nitrates qui rivalisent de prix avec ceux venant du Chili.

Avec de l'oxygène et de l'azote purs au lieu d'air atmosphérique les résultats sont bien supérieurs. Il faut donc apporter ces gaz aux forces motrices, pour améliorer la fabrication, la rendre plus économique, et enfin permettre à la grande industrie d'obtenir l'acide nitrique pur dont elle a besoin et à toute l'agriculture les produits azotés qui constituent son aliment principal, sa vie même au plus grand bien des populations.

Avec l'hydrogène et l'azote on ouvre également la voie aux synthèses des *ammoniaques*, car ceux-ci sont plus actifs encore que les nitrates et ne peuvent s'obtenir actuellement que par les détritus organiques, les résidus des fermes, le traitement des tourbes, enfin par des sources toutes rattachées aux soins domestiques des fermes et des aglomérations humaines.

Ces ressources sont absolument insuffisantes.

Or, on peut déjà à l'heure actuelle obtenir par voie synthétique *l'ammoniaque* et tous les produits ammoniacaux.

Les procédés nouveaux apportant les trois gaz **oxygène, azote, hydrogène** à pied d'œuvre dans toutes les usines chimiques sont destinés à doter l'humanité des produits les plus nécessaires, les plus impérieusement demandés pour assurer le bien-être de la nourriture et la santé de l'humanité en tous pays.

Raoul PICTET.

Mars 1914.

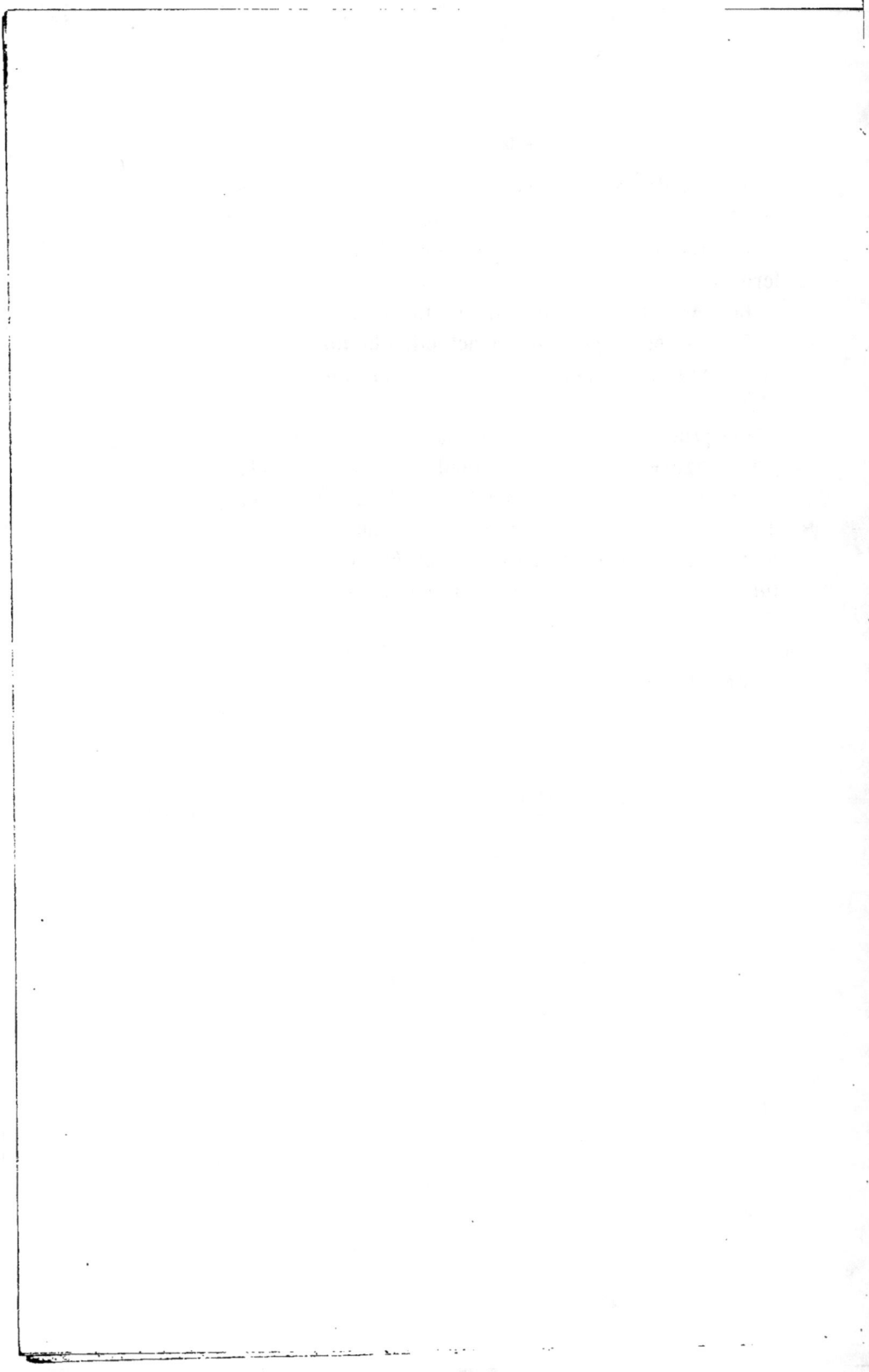

NOUVEAU PROCÉDÉ

POUR LA

FABRICATION CONTINUE DU GAZ A L'EAU

PAR

Raoul PICTET

1914

CHAPITRE I

Ancien procédé

Jusqu'à ce jour la fabrication du gaz à l'eau n'a pu être obtenue que par des procédés discontinus.

Nous parlons ici seulement du gaz à l'eau pur sans mélange sensible d'azote.

Le procédé ancien *actuellement encore employé* est le suivant :

Dans un grand générateur rempli de charbon incandescent on dirige un courant d'air intense qui porte le charbon au maximum de la températnre de combustion.

Cette température est d'environ 1400 à 1500 degrés centigrades.

Les gaz qui traversent cette masse de charbon ardent sortent et sont rejetés dans l'air par la cheminée.

On déclanche à ce moment une *soupape double*,

dont le fonctionnement consiste à fermer l'entrée d'air, à ouvrir une vanne de vapeur, de telle façon que le jet de vapeur qui pénètre dans le générateur, traverse la masse incandescente exactement en sens inverse du courant d'air précédent.

La vapeur d'eau se trouve en contact ainsi avec des charbons portés à cette haute température voisine de 1500° à 1600°.

A ce contact la vapeur d'eau est décomposée, l'oxygène de l'eau se porte avec avidité sur le charbon incandescent et en transforme une partie en oxyde de carbone.

La chaleur ainsi produite par cette combustion immédiate ne couvre pas l'absorption de chaleur qui a pour origine la dissociation de la vapeur d'eau.

La perte de chaleur peut être exactement fixée :

Une molécule d'eau pour être dissociée réclame à l'état gazeux 58,2 calories.

La chaleur reconstituée par l'oxygène qui se dégage de la vapeur d'eau dissociée, ne s'élève qu'à 26,1 calories. (Transformation de C en CO).

La différence de ces deux nombres soit 58,2 — 26,1 représente la perte de chaleur, conséquence des deux réactions concomitentes dont nous venons de parler.

Or 58,2 — 26,1 = 32,1 *calories en moins.*

Cette chaleur perdue ne peut être cédée que par le charbon incandescent.

Ce charbon va donc baisser sa température élevée de 1500° ou 1600° jusqu'au point *suffisamment bas* pour arrêter l'opération chimique consistant en la dissociation de la vapeur d'eau.

Dès la température de 1200° il se forme déjà passablement d'acide carbonique CO² au lieu d'oxyde de carbone CO.

Les gaz sortant sont ainsi de plus en plus impropres à la combustion au fur et à mesure que la température du charbon décroît.

Il faudra donc relever la température des charbons refroidis pour raviver leur température affaiblie.

Pour cela, on déclanchera à nouveau la soupape double, on fera passer l'air dans le générateur en sens inverse du courant de vapeur que l'on arrête et en consumant une certaine quantité de charbon, grâce au courant d'air, on ramènera cette masse ignée à la température primitive et nécessaire de 1500° à 1600°.

La fabrication du gaz à l'eau pourra donc alors recommencer comme nous l'avons dit.

La chaleur spécifique du charbon aux environs de 1000° est égale à 0,459.

Un kilogramme de charbon chauffé de + 1000° à + 1500° enmagasine par ce fait :

$$(1500 - 1000) \times 0,459 = 229,5 \text{ calories.}$$

Une molécule d'eau pèse H²O = 18 grammes.

En se dissociant elle réclame le retour des 58,2 calories qu'elle a fournies lors de sa constitution.

Nous trouvons que 18 grammes d'eau contiennent selon la formule :

2 grammes d'hydrogène et 16 grammes d'oxygène.

L'hydrogène formé ne pouvant provoquer aucune réaction connue avec le charbon incandescent, se rend directement au gazomètre en sortant du générateur.

2 grammes d'hydrogène représentent 22,334 litres

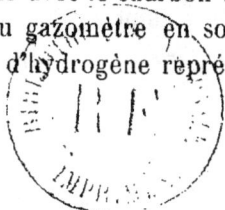

7

et 16 grammes d'oxygène représentent 11,2 litres de O'.

Nous avons donc 22,334 litres d'hydrogène qui partent au gazomètre sans changement.

Les 11,2 d'oxygène se dédoublent en se combinant au charbon et fournissent avec 12 grammes de charbon un volume de 2 × 11,2 de CO = 22,4 litres de CO.

L'oxyde de carbone est supposé pur.

Cette réaction du charbon sur l'oxygène, transformant ces deux éléments combinés en oxyde de carbone, ne fournit que 26.1 calories.

La perte de chaleur se monte donc comme nous l'avons dit à 32,1 calories.

Si nous admettons que le charbon cède cette chaleur en faisant chuter sa température de 500° soit de 1500° à 1000°, un kilo de charbon abandonnera du fait de sa chaleur spécifique :

$$1^k \times 0,459 \times 500 = 229,5 \text{ calories.}$$

Divisant cette chaleur disponible par la perte due à la dissociation de 18 grammes d'eau, nous aurons le poids d'eau que peut dissocier un kilo de charbon lorsqu'il est porté à 1500° et qu'on le refroidit à la limite inférieure de la température de l'opération.

Nous trouvons ainsi :

$$\frac{229,5}{32,1} = 7,15 \text{ molécules d'eau}$$

ou 128 grammes d'eau.

Ces 128 grammes d'eau donneront un volume de gaz à l'eau représenté par les relations :

En hydrogène H', le volume égal à

$$22,334 \times 7,15 = 159,7 \text{ litres,}$$

En oxyde de carbone CO le volume égal à

$$11,2 \times 2 \times 7,15 = 159,7 \text{ litres.}$$

Le *gaz à l'eau pur* est donc composé selon les règles que nous venons de voir par :

50 % du volume en hydrogène pur.
50 % du volume en CO pur.

La perte de charbon due au réchauffement obligatoire représentera un poids de charbon légèrement supérieur au poids de charbon brûlé par l'oxygène de l'eau.

Nous avons pour expression du poids de charbon perdu dans l'air pendant le soufflage et le relèvement de la température du générateur :

$$\text{Poids de charbon perdu} = 12 \frac{229,5}{26,1} = 106 \text{ grammes.}$$

Le poids total du charbon dépensé pendant ces deux opérations, pour pouvoir les recommencer indéfiniment, se décompose donc ainsi :

1° Période de fabrication $\quad 7,15 \times 12 = \quad 85,80$ gr.

2° Période de réchauffement $12 \dfrac{229,5}{26,6} \quad = 106 \quad$ gr.

$$\text{Total en poids } \overline{191,80} \text{ gr.}$$

ou 192 grammes nécessaires pour obtenir simultanément dans le gazomètre :

En H^2 = volume 159,7
En CO = $\quad$ » $\quad$ 159,7
Total au gazomètre = 319,4 lit. de gaz à l'eau.

Si 191,80 grammes donnent 319,4 litres de gaz, en réduisant ces chiffres pour 1 kilo de charbon nous obtenons :

$$319^l,4 : 191^g,80 = X^{lit.} : 1000^g$$

1 kilo de charbon *donne théoriquement* $1^{m3},663^l$ gaz à l'eau.

CHAPITRE II

Discussion des résultats précédents

Les résultats que nous avons obtenus dans les pages précédentes supposent :

1° Que la totalité de l'eau dissociée a donné dans sa réaction avec le charbon, uniquement de l'hydrogène pur et de l'oxyde de carbone pur.

Cette hypothèse est radicalement fausse.

A 1000° centigrades l'oxygène et le charbon donnent plus de 25 %, d'acide carbonique, gaz contenant du charbon mort pour la production de la chaleur, puisqu'il est complètement oxydé.

Au fur et à mesure que la température s'abaisse la proportion d'acide carbonique, très faible à 1500°, s'élève et perturbe les qualités spécifiques du pouvoir calorifique du gaz à l'eau.

A l'état pur un mètre cube de gaz à l'eau possède une chaleur de combustion exprimée par 2834 calories représentées par la combustion de 1 m³ de H² donnant 2619 calories et 1 m³ de CO donnant 3049 calories, ensemble 2 m³ donnant 5668 calories, d'où 1 m³ de gaz à l'*eau donne 2834 calories*.

Dès que l'acide carbonique apparaît, soit entre 1300° et 1000°, le gaz perd de 2 à 15 %, de sa puissance calorifique obtenue par sa combustion, entraînant ainsi sans profit une assez forte proportion de charbon.

Mais voici maintenant la cause principale de l'affaiblissement pratique du rendement comparé aux chiffres obtenus par le calcul théorique.

Lors du réchauffement du charbon dans le générateur refroidi on peut constater que pendant le début du courant d'air les gaz en contact avec le charbon incandescent ramènent rapidement la température de surface des morceaux de charbon à 1300° environ.

A partir de 1300° pour arriver à réchauffer *toute la masse du charbon* à 1500°, le temps nécessaire augmente et la dépense concommittente du combustible s'élève dans des proportions difficiles à fixer.

Si le coke n'est pas de première qualité, la température même des gaz incandescents, léchant la surface des morceaux de charbon, est presque la même que celle à laquelle on veut ramener la masse toute entière.

On sait par conséquent que pour faire pénétrer de la chaleur jusqu'au centre de chaque morceau de charbon, il faudra prolonger l'opération de réchauffement et par conséquent jeter sous forme de gaz chauds des torrents de chaleur par la cheminée, ce qui devient très onéreux.

On est donc pratiquement obligé de réduire la température supérieure à laquelle on travaille.

Ainsi on raccourcira, soit la période d'activité soit la période de réchauffement.

On tombe alors dans un autre défaut, c'est d'avoir à conduire, pour assurer une bonne fabrication, des équipes d'hommes surmenés par l'obligation de manœuvres très ponctuelles se succédant sans interruption à quelques minutes de distance.

Cette conséquence forcée des difficultés techniques

du réchauffement de la masse de charbon refroidie augmente encore les déchets *du bon gaz,* à cause de la présence inévitable de l'azote entraîné avec l'oxygène dans tout le générateur.

Les 79 $^o/_o$ d'azote de l'air doivent être éliminés et jetés au dehors avant de laisser aller au gazomètre le gaz à l'eau qui se mélange avec l'azote pour un volume égal au volume du générateur.

Cette perte de gaz se renouvelle à chaque opération.

Ces manœuvres continuellement recommencées augmentent aussi les dangers d'explosion, par suite des accidents dùs à des mélanges d'air et de gaz qui peuvent par mégarde pénétrer dans l'enceinte du charbon incandescent.

Le rendement pratique des appareils donnant le gaz à l'eau est donc frappé d'un coefficient de pertes qu'il est impossible de réduire beaucoup et qui s'élève même dans les meilleures conditions à 12 ou 15 $^o/_o$ du résultat théorique.

Selon le prix et la qualité du charbon, on choisira au mieux des résultats à obtenir, la température supérieure à laquelle on veut porter la masse de charbon du générateur.

On fixera ainsi la durée de la période de réchauffement.

On évitera l'opération inverse, soit la période de fabrication du gaz à l'eau selon la teneur des gaz en acide carbonique, laquelle augmente constamment avec l'abaissement de température.

La discussion de l'étendue de ces deux périodes est nécessaire pour faire rendre à une installation de gaz à l'eau son plein rendement pratique.

Dans des conditions absolument parfaites 1 kilogramme de charbon donnera en calories :

1° Théoriquement :

2,834 calories $\times$ 1,663 $=$ *4713* calories. Ce résultat entre 1500° et 1000° se réduit selon les facteurs suivants :

6 °/₀ acide carbonique au lieu de CO oxyde de carbone.

15 °/₀ surcharge due au réchauffement.

3 °/₀ présence d'azote et impuretés dans le gaz.

3 °/₀ cendres et substances étrangères dans le charbon.

27 °/₀ de pertes totales.

1 kilo de charbon donne donc en marche normale utile et continue un rendement effectif de :

Rendement $=$ *3440 calories*.

CHAPITRE III

Gaz à l'eau pauvre

Le *Mondgaz* à production continue n'est pas autre chose qu'un gaz à l'eau dans la fabrication duquel on rapproche tellement la *période de la fabrication* de la *période de réchauffement,* que ces deux périodes arrivent à *se confondre.*

On fait passer *sans renversement* de marche un courant d'*air continu* dans un générateur rempli de charbon porté à environ 900° à 1000°.

Ce courant d'air porterait la température limite du réchauffement 1700° environ.

On fait alors entrer dans le *générateur avec l'air* une quantité de vapeur d'eau telle que l'abaissement produit soit d'abord très faible, à 200° environ.

On obtient alors un peu d'hydrogène et de l'oxyde de carbone mélangé avec de l'acide carbonique et surtout avec de l'azote de l'air introduit.

Si l'on augmente trop la quantité de vapeur d'eau, on augmente c'est vrai, le volume des gaz qui sortent, mais le mélange de la vapeur d'eau et de l'air atmosphérique a pour effet d'abaisser la température jusqu'à un tel point que tout le charbon se transforme en acide carbonique.

Dans ces conditions extrêmes, le gaz n'ayant plus que 15 à 21 °/₀ d'hydrogène, 15 à 20 °/₀ d'oxyde de carbone, 17 à 21 % d'acide carbonique, et en outre contenant tout l'azote de l'air employé dans le générateur qui en représente 53 %, le gaz obtenu n'a plus de pouvoir calorifique puisque la combustion ne peut intéresser que l'hydrogène et l'oxyde de carbone.

Pour bien faire comprendre les réactions chimiques et qui se passent dans ce *procédé continu* de gaz appelé gaz pauvre, nous rappellerons le fait capital de ce problème.

L'air contenant 21 % d'oxygène et 79 % d'azote brûle en contact avec le charbon incandescent en le portant à une *température limite* qui est variable avec l'intensité du courant d'air.

L'azote, ne prenant aucune part à la combustion, est simplement porté aux hautes températures du foyer et il se comporte en voleur de chaleur.

Si donc on se contente de lancer un courant d'air dans une *grande masse* de charbon porté au blanc éclatant à 1700° environ, la limite de l'élévation de température est fixée par l'équivalence entre la chaleur fournie par la réaction du charbon avec l'oxygène, et l'accaparement de cette chaleur par l'azote.

A 1700° on peut admettre que la chaleur produite et la chaleur volée par l'azote s'équivalent, la température *est constante*, fixée à 1700°.

En récoltant les gaz sortant du générateur on reçoit théoriquement des gaz dont la composition est :

Teneur d'azote . . . . = 65,3 % N^2
Teneur d'oxyde de carbone = 34,7 % CO

A la température extrême tout l'oxygène se dédouble et s'unit au charbon.

L'azote reste sans changement, mais sa teneur qui était de 79 % dans l'air atmosphérique tombe à 65 % du fait du changement de volume de l'oxygène O^2 transformé en CO et doublant de volume en même temps. L'air rentrant contient au mètre cube 19 molécules d'oxygène O et donne par conséquent en brûlant dans le générateur, en contact avec un excès de charbon :

$$19^{mol.} \times 26^{cal.},1 = \text{dans le générateur} = 495,9 \text{ calories.}$$

Cette chaleur est absorbée entièrement par l'azote moins la petite quantité qui s'échappe par rayonnement extérieur de la surface du générateur.

Ce gaz ne contenant plus alors que de l'azote et de l'oxyde de carbone remplit le gazomètre.

En brûlant à l'air extérieur ce gaz donne comme quantité de chaleur de combustion au mètre cube :

$$1 \text{ m}^3 = 19 \text{ molécules} \times 68,2 = 1296 \text{ calories.}$$

Par ce système continu, le charbon brûle avec son maximum de température et ne donne que des traces d'*acide carbonique*.

Cet avantage est très important, car le charbon conserve ainsi sa deuxième valence intacte pour l'oxygène.

En se transformant d'oxyde de carbone en acide carbonique, la molécule de charbon produit 68,2 calories et absorbe 1 atome de O.

Dans 1 kil. de charbon nous avons 83,33 molécules de 12 grammes, et la totalité du gaz brûlant à l'air libre donnera une production de

$$83,33 \times 68,2 = 5683 \text{ calories.}$$

C'est le maximum de chaleur que peut donner un

kilogramme de charbon déjà transformé en oxyde de carbone.

En admettant une perte de 10 °/₀ due au rayonnement du foyer, le résultat pratique et effectif que donne ce procédé en calories :

1 kil. de charbon donnera *5115 calories utilisables.*

CHAPITRE IV

Emploi de la vapeur dans le système continu de gaz à l'eau

Nous savons par ce qui précède que la température du gaz à l'eau au moment de sa production, ne doit pas rester inférieure à 1200° dans les charbons incandescents,

A cette température déjà basse, on récolte près de 4 °/₀ d'acide carbonique mélangé aux gaz sortant.

Nous savons qu'entre 1200° et 1500° l'azote gazeux absorbe *toute la chaleur produite*.

La *chaleur disponible* à 1200° est donc exactement calculée par le poids de l'air nécessaire pour brûler complètement le charbon, dont l'azote serait porté de 1200° à 1500°.

Cette chaleur est donnée par le calcul suivant :

Poids *de l'air* nécessaire pour faire brûler complètement et transformer en oxyde de carbone 1 kil. de charbon.

1 kil. de charbon contient 83,33 molécules de 12 grammes. Il faut donc 83,33 molécules de O pour les transformer en oxyde de carbone, soit :

Poids de l'oxygène nécessaire = 1 kil., 333.

Soit 0,932 litres de O' oxygène gazeux.

Pour obtenir de l'air 932 litres d'oxygène il faut introduire 4660 litres d'air atmosphérique.

Cet air contient 3728 litres d'azote N'.

En multipliant ce volume d'azote par sa densité et par sa chaleur spécifique sous pression constante et aussi par l'écart de température entre 1500° et 1200° on obtient :

Chaleur disponible à 1200° = *494,7 calories*.

En divisant ce nombre par 58,2 chaleur de formation d'une molécule d'eau on obtient :

8,5 molécules d'eau de 18 grammes, d'où :

Poids de l'eau dissociée = *0,153 grammes*.

Cette eau contient :

122,4 grammes de O et 31 grammes de H'.

112,4 gr. O représentent 7,65 molécules de O ou 171,2 litres de O et 342,4 litres de H'.

Ensemble un volume de 513,6 litres de gaz à l'eau.

Cette production de 513,6 litres de gaz à l'eau consomme 91,80 grammes de charbon.

Le résultat théorique de l'emploi de 1 kil. de charbon avec 153 grammes d'eau par ce procédé donne comme résultat final :

1° Un volume d'azote et de CO provenant de la combustion de 908 grammes de charbon.

2° Un volume de CO et H' provenant de l'utilisation de 92 grammes de charbon et de 122,4 grammes d'eau.

Ensemble :

1 k. charbon + 0 k.,153 eau = 4234 l. + 513 l.,6 = 4 m³ 748

La chaleur dégagée par cette masse gazeuse brûlant à l'air libre se décompose comme suit :

Azote A^{32} volume	$= 2\,m^3\,765$	chal. de combust.	$= 0000$
CO oxyde de carbone	$= 1\,m^3\,740$	»	$= 5340$
H^2 hydrogène	$= 0\,m^3\,343$	»	$= 898$
CO de l'eau	$= 0\,m^3\,171$	»	$= 525$

Total $5\,m^3\,022$ Total 6763

Le mètre cube de gaz à l'eau au système continu donne donc pour 1 kil. de charbon :

5,022 mètres cubes de gaz donnant 6763 calories ou *1 mètre cube* de gaz donne *1346 calories.*

Le *rendement maximum* de 1 kil. de charbon par un système continu de gaz à l'eau est théoriquement de *6763 calories.*

Ce chiffre n'est pas atteint en pratique.

Les meilleures installations donnent environ *3500 calories* par kilogramme de charbon.

Le gaz à l'eau à système continu donne donc un gaz *très pauvre* par rapport au système discontinu à double période de *réchauffement* et de *fabrication.*

Ces gaz pauvres contiennent une telle quantité d'azote, d'acide carbonique et de déchets dûs aux pertes par rayonnement pendant leur fabrication qu'on ne saurait obtenir de bons résultats dans l'industrie par leur emploi chaque fois qu'il faut produire de hautes températures dans leur flamme.

Le seul emploi réellement utile et d'un usage constant c'est l'introduction de ces gaz pauvres dans les *moteurs à explosion.*

Les moteurs à gaz utilisent le Mond gaz avec grand succès et cette application s'est généralisée de plus en plus.

Le nouveau procédé continu pour la fabrication du gaz à l'eau par l'emploi de l'oxygène

Après l'examen critique que nous venons de faire des trois procédés pour obtenir du gaz par la transformation du charbon en un fluide combustible, nous passons maintenant à la description de notre nouveau procédé qui transforme, sans aucune perte autre que celle qui est inhérente à la radiation extérieure du générateur, le charbon en *gaz au maximum de richesse possible*.

Outre cette richesse en calories ce gaz conserve le record du *bon marché*, ce qui lui ouvre la porte large pour tous les emplois industriels.

Théorie du Nouveau Procédé

Le nouveau procédé est basé sur l'emploi de l'oxygène pur obtenu à très bas prix par le Procédé dit *de Dissolution et de Distillation fractionnée*.

Le gaz oxygène est produit par l'application de cette nouvelle méthode à raison de 1 centime par mètre cube *tous frais compris*.

Ce sera donc là notre matière première avec le coke, ou le charbon de terre, ou la houille ordinaire.

Si nous introduisons dans un générateur plein de

charbon incandescent un courant constant d'*oxygène pur*, la combustion deviendrait tellement intense et la température si élevée que tout le matériel serait promptement *fondu !*

Nous calmons cette exaspération formidable de la température de combustion par l'apport simultané d'une *certaine quantité de vapeur d'eau,* dont nous fixons le poids avec grande précision.

La vapeur d'eau en se dissociant donne comme nous l'avons vu de l'*oxygène* et de l'*hydrogène*.

L'oxygène se combine immédiatement avec le charbon et l'hydrogène traverse sans changement la masse incandescente.

Nous choisissons comme température une hauteur suffisante pour *empêcher toute formation d'acide carbonique* dans le foyer.

Cette température est comprise entre 1500° et 1600° qui permet une transformation intégrale du charbon en oxyde de carbone CO.

La chaleur dégagée par la combustion de l'oxygène de l'eau avec le charbon, laisse un déficit de 32,1 calories.

Nous comblons ce déficit par l'apport d'un certain volume d'oxygène, obtenu par le procédé nouveau de Dissolution et de Distillation fractionnée, qui se combinant dans le centre de la masse de charbon incandescente avec le charbon compense par les calories qu'il développe la perte de chaleur obligatoire née de la dissociation de l'eau en vapeur.

Remarquons tout de suite ce point important :

Le mélange de *vapeur* et d'*oxygène* pénètre dans le centre d'une masse de charbon à 1600°.

8

Le contact de chaque volume élémentaire de ce mélange gazeux touche *simultanément*, donc au *même moment* et à la *même place*, les morceaux de charbon en ignition.

L'échange de calories s'effectue donc absolument d'une façon *synchrone* entre la molécule d'eau qui se dissocie et se refroidit et l'apport de calorique effectué sur le même *millimètre carré* de la surface chaude du charbon par l'oxygène mélangé à la vapeur d'eau.

Cet oxygène s'ajoute à celui que dégage la molécule d'eau et on peut aisément calculer son poids de telle façon que les quantités de chaleur perdues et gagnées s'équilibrent absolument.

En faisant varier la quantité d'oxygène d'apport on fait varier *à volonté* la température *constante* qui sera la conséquence obligatoire des échanges de chaleur par *doit* et *avoir*.

L'équilibre s'établira spontanément, quand toutes les causes *de refroidissement* seront rigoureusement couvertes par les apports artificiels de chaleur dûs à la formation d'oxyde de carbone, seule source de chaleur efficiente dans toutes ces réactions.

Voici maintenant le relevé des causes de refroidissement :

1° Le générateur, étant rempli d'une masse de charbon à 1600°, émettra par sa surface extérieure, même convenablement protégée par une construction soignée et spécialement aménagée, une certaine quantité de chaleur au dehors.

Cette perte est inévitable et doit être comptée dans le poids du charbon brûlé.

2° L'eau absorbe 31,2 calories par molécule de

18 grammes et cette perte se compense par l'oxygène d'apport et le charbon incandescent.

Nous pouvons donc sur ces bases calculer d'une façon très exacte le rendement effectif de ce procédé continu pour la fabrication du gaz à l'eau.

On pourra constater ici de suite deux faits d'une grande importance :

1° La température de combustion peut être choisie *arbitrairement*, aussi haut qu'on le désire et atteindre, *sans varier* la température de dissociation totale des hydrocarbures.

Si donc on introduit des hydrocarbures, de peu de valeur comme prix, dans ce milieu incandescent on dissociera *totalement* ces huiles qui donneront de l'hydrogène et du carbone.

L'hydrogène s'ajoutera à l'hydrogène de l'eau, le carbone compensera une partie du charbon qui se consume pendant les opérations au centre du générateur.

2° Dans ce nouveau procédé *l'azote de l'air est complètement éliminé !*

Les gaz qui s'échappent du générateur, en dehors des gaz d'exception qui se forment au contact des impuretés du coke, soufre, arsenic, phosphore, silice, etc., etc., sont uniquement composés d'un mélange d'*oxyde de carbone* et d'*hydrogène pur*.

Le pouvoir calorifique de combustion des gaz est ainsi porté *au maximum*, puisque le grand voleur de chaleur, l'*azote*, a été complètement supprimé.

On n'introduit dans le générateur que de l'oxygène pur sans azote.

CHAPITRE VI

Rendement du nouveau procédé pour l'obtention du gaz à l'eau

Calculons ce que doit rendre cette réaction exposée plus haut.

Pour cela ramenons tous les calculs à la base la plus logique dans cette occurence.

Nous prendrons *1 kilogramme d'eau* réduite en vapeur et nous ajouterons à ce kilogramme d'eau du *charbon* et de l'*oxygène* dont nous allons fixer les poids et volumes.

1 kilo d'eau représente, à 18 grammes par molécule, 55,555 molécules.

En se décomposant totalement en *oxygène* et *hydrogène* ces 55,56 molécules absorbent :

$$55,56 \times 58,2 \; calories = 3233 \; calories.$$

Le kilo d'eau produit en gaz :

1° $55,56 \times 2^{gr} = 111,12$ grammes de H^2 hydrogène.
2° $55,56 \times 16^{gr} = 888,88$ grammes de O^2 oxygène.

Traduisant des poids de gaz dans leurs volumes respectifs on a :

1° 55,56 de $H^2 = 1244$ litres.
2° 55,56 de $O^2 = 622$ litres de O^2

L'hydrogène reste sans changement dans la masse de charbon portée à 1600°.

L'oxygène *se dédouble* et donne 1244 litres de O qui se transforment en 1244 litres de CO oxyde de carbone.

Chaque atome d'oxygène O associé à C atome de charbon produit 26,1 calories.

Nous avons 55,56 atomes d'oxygène provenant de l'eau décomposée, donc nous obtiendrons de ce chef une quantité de chaleur donnée par :

$$55,56 \times 26,1 = 1450 \text{ calories.}$$

La décomposition de 1 kilo d'eau exige 3233 calories.

La différence $3233 - 1450 = 1783 \text{ calories.}$

Pour combler ce déficit il faut brûler de l'oxygène et du charbon.

$$\frac{1783}{26,1} = 68,3 \text{ molécules de O et 68,3 molécules de C.}$$

Il faudra donc rajouter en oxygène O' un volume égal à

$$\frac{68,3 \times 16}{1,43} = 764 \text{ litres de O}^2.$$

Le *charbon brûlé* pendant ces réactions s'établit comme suit :

1° Charbon brûlé par l'oxygène de l'eau :

$$55,56 \times 12 = 666,72 \text{ grammes de charbon.}$$

2° Charbon brûlé par l'oxygène d'apport :

$$68,3 \times 12 = 819,6 \text{ grammes de charbon.}$$

Récapitulation du poids de charbon brûlé et du volume d'oxygène apporté :

Charbon $= 666,72 + 819,6 = 1$ kil. 486 gr.
Volume d'oxygène d'apport $= 764$ litres de O^2.

3° Volume des gaz récoltés dans le gazomètre après l'opération :

Volume de H² hydrogène . . . = 1244 litres.
Volume de CO provenant de l'eau = 1244 litres.
Volume de CO d'apport . . . . = 1528 litres.
Volume total des gaz   4016 m³.

Chaleur totale de combustion des gaz récoltés après avoir décomposé 1 kilo d'eau :

1244 litres de H² donnent = 3233 calories.
2772 litres de CO donnent = 8507 calories.
Chaleur produite totale   11740 calories.

Le mètre cube de gaz à l'eau par le nouveau procédé donne donc :

$$\frac{11740 \text{ calories}}{4016 \text{ volume}} = 2923 \text{ calories.}$$

Poids du charbon brûlé :

1° Par l'oxygène de l'eau =   667 grammes.
2° Par l'oxygène d'apport =   820 grammes.
Total = 1ᵏ487 poids de charb. brûlé.

Dans ce cas le kilo de charbon permet d'obtenir par la combustion du gaz produit :

$$\frac{11740}{1^{k}487} = \textbf{7895 } \textit{calories.}$$

Dans le calcul précédent nous n'avons pas tenu compte du rayonnement du générateur qui constitue une perte de chaleur.

Admettons que l'on perde 10 °/₀ de charbon, ce qui est dans ce cas un *maximum* comme nous le verrons en parlant de la construction de l'appareil.

Il faudra donc brûler 10 °/₀ de charbon en plus sans couvrir la chaleur produite par un apport plus grand de vapeur d'eau.

Le poids total du charbon brûlé est de 1 k. 487 gr.

150 grammes seront brûlés pour couvrir le rayonnement du générateur.

150 grammes sont 12,5 molécules de charbon.

Il faudra 12,5 molécules de 16 grammes d'O pour brûler ce charbon, d'où $12,5 \times 16 = 200$ grammes d'oxygène.

Ce poids d'oxygène représente 140 litres de O' et donnera après combustion en CO un volume de 280 litres de CO en couverture du rayonnement.

Ces 280 litres de CO en brûlant avec les autres gaz produits donneront 68,2 calories par molécule.

Donc la chaleur produite par la combustion de ces 280 litres de CO = *853 calories*.

Les résultats finals seront donc ceux-ci :

Eau décomposée dans le générateur	1 k.
Charbon brûlé par l'oxygène de l'eau et l'oxygène d'apport	1 k. 487
Charbon brûlé par l'oxygène d'apport pour compenser les pertes dues au rayonnement. . .	0 k. 150
Charbon total brûlé	1 k. 637

Volume des gaz obtenus au gazomètre :

Volume de CO pour parer au rayonnement .	280 litres.
H² hydrogène	1244 litres.
Volume de CO	2772 litres.
Volume total des gaz	4296 litres.

Les calories de combustion sont dans ce cas augmentées de la valeur calorifique de 280 litres de CO et l'on a :

Pouvoir total de combustion en calories =   11740 calories.
Addition du pouvoir de 280 litres de CO =   859 calories.
          Pouvoir total de combustion =   12599 calories.

Pouvoir calorifique de 1 mètres cube de gaz à l'eau = *2933 calories.*

Dépenses totales en charbon et oxygène pour la transformation de 1 kilo de vapeur :

1° Poids de charbon total   .   .   . = 1 k. 637 gr.
2° Volume total d'oxygène d'apport = 764 litres.

Rapportons tout maintenant au kilogramme de charbon pris comme base :

Il faut 1 kilo de charbon, plus 932 litres d'oxygène et 611 grammes de vapeur d'eau.

Enfin pour 1 kilo de charbon consommé on obtient :

1 kilo de charbon donne *7895 calories* par la combustion des gaz obtenus dans le gazomètre.

1 mètre cube de gaz donne *2933 calories.*

CHAPITRE VII

Récapitulation de tous les résultats

Avant de décrire l'appareil qui réalise le nouveau procédé, comparons le rendement *en calories* de 1 kilo de charbon transformé en gaz à l'eau par les trois systèmes déjà étudiés. Cette comparaison sera plus éloquente que tout autre argument :

1° *Système discontinu à deux phases alternatives.*

1 kilo de charbon produit par la combustion du gaz à l'eau a donné une chaleur de *3440 calories*.

2° *Système continu opérant seulement avec l'air sans eau* sur le charbon incandescent.

Ce gaz contient de l'oxyde de carbone et de l'azote sans hydrogène.

1 kilo de charbon transformé en *oxyde de carbone* donne *5115 calories* utilisables.

Ce n'est pas du gaz à l'eau par principe même.

3° *Système continu opérant avec de l'eau et l'air atmosphérique sur le charbon incandescent.*

1 kilo de charbon donne *5300 calories*.

4° *Le nouveau système continu de gaz à l'eau avec oxygène* donne comme résultat :

1 kilo de charbon produit *7895 calories*.

Ce rendement de 1 kilo de charbon en *calories* est déjà un point des plus importants pour classer la valeur commerciale de ces quatre systèmes et procédés pour transformer en gaz le charbon.

Nous complèterons cette comparaison en établissant le tableau synoptique suivant :

1° La première colonne donne le nom du procédé.

2° La deuxième colonne donne le *poids de l'eau ajoutée à 1 kilo de charbon comme base de la comparaison.*

3° La troisième colonne donne le *volume des gaz obtenus.*

4° La quatrième colonne donne *la quantité de calories produites par la combustion totale du gaz obtenu.*

5° La cinquième colonne donne *la chaleur de combustion d'un mètre cube du gaz obtenu.*

6° La sixième colonne donne *le volume d'oxygène pur O²* fourni au générateur par kilo de charbon.

Voici ce tableau :

Tableau synoptique du rendement des quatre procédés étudiés

Désignation des systèmes	Eau	Mètres cubes	Calories	Calories pour 1 m³	Apport d'oxygène
Colonne 1	Col. 2	Col. 3	Col. 4	Col. 5	Col. 6
Procédé discontinu à deux *périodes*	$0^k,128$	$1,663$	3440	2062	$0^{m^3},000$
Procédé continu *sans eau*	$0^k,000$	$3,947$	5115	1296	$0^{m^3},000$
Procédé continu *avec apport d'eau*	$0^k,153$	$5,022$	6763	1346	$0^{m^3},000$
Procédé nouveau *avec oxygène et eau*	$0^k,611$	$2,692$	7895	2933	$0^{m^3},553$

On voit de suite se dégager de ce tableau synoptique une foule de conséquences importantes.

Voici les principales :

1° Parmi les procédés anciens, mais encore en usage, c'est le N° 1 qui donne le plus *grand pouvoir de combustion*, 2062 calories *au mètre cube*. Par contre le kilo de charbon ne livre au gazomètre que 1 m³ 663.

Ce gaz donne *une haute* température dans sa combustion parce qu'il ne contient pas, ou peu d'azote et qu'on peut le produire à volonté avec peu d'*acide carbonique*.

Le prix du gaz *monte rapidement* si on veut supprimer ou réduire beaucoup sa teneur en CO², car comme nous l'avons vu le réchauffage du charbon refroidi coûte alors beaucoup de *combustible perdu*.

Dans de grandes installations *on récolte* aussi comme gaz combustible le gaz provenant de la période de réchauffement, seulement ces gaz *sont très impurs* et ne peuvent nullement servir aux mêmes buts industriels que le vrai gaz à l'eau récolté au gazomètre.

Tout au plus peut-on s'en servir comme moyen primitif de chauffage de chaudières, ou comme gaz pauvre pour moteurs à explosion.

Les manœuvres obligatoires absorbent une main-d'œuvre de sélection *fort coûteuse* vu sa qualité comme *régularité* et *responsabilité*.

2° Le système N° 2 est intéressant parce qu'il est *éminemment simple et continu*.

Le kilo de charbon donne *5115 calories* alors qu'avec le système N° 1 il ne donne que *3440 calories !* Cet avantage est considérable en pratique, ce qui l'a fait adopter pour les moteurs à gaz jusqu'à l'apparition du système Mond qui a ajouté *l'eau* à l'*air atmosphérique*.

3° Ce système N° 3 dit *Mondgaz* est tellement généralisé qu'on en alimente aujourd'hui de nombreuses fabriques par canalisations souterraines.

Wolverhampton, Walsall et plusieurs villes d'Angleterre, des Etats-Unis d'Amérique et d'Allemagne ont leur usine à gaz à l'eau, comme aussi leur usine à gaz d'éclairage.

On enrichit le gaz des usines anciennes à distillation de houille par le gaz obtenu par ce procédé N° 3.

Ce procédé donne 5 mètres cubes de gaz par kilo de charbon et permet d'obtenir 6763 calories par kilo de charbon.

C'est *incontestablement comme moyen de chauffage à des températures inférieures à 1000° centigrades le plus économique de tous les procédés anciens.*

La présence dans le gaz fourni par les procédés N°s 2 et 3 d'une forte *quantité d'azote* et d'*acide carbonique* disqualifie complètement leur emploi pour les travaux de la *fusion des métaux* en métallurgie, tandis que les gaz donnés par le procédé N° 1 à double période, trouve dans ces applications une large place dans les usines contemporaines.

Nous arrivons maintenant au gaz fourni par le dernier venu des procédés pour l'obtention du gaz à l'eau, le *système N° 4.*

On constate que sur tous les *points essentiels* ce système détient *le record.*

En effet voici son bilan :

A. Le système est continu.

B. Le gaz obtenu donne *7895 calories* par *kilo de charbon* consommé pour sa fabrication, donc *1132 calories* de plus que le gaz obtenu par le *meilleur système actuel* et *4455 calories* de plus que par le procédé discontinu à double période.

Le procédé N° 4 donne aussi *plus du double de calories par kilo de charbon consommé* que par ce procédé primitif encore obligatoire et en usage pour les applications métallurgiques.

C. Le volume de gaz obtenu *par kilo de charbon* est de 62 °/₀ supérieur au système à double période, soit 2692 litres contre 1663 litres obtenus par le système N° 1.

En plus de cela chaque mètre cube étant de 871 calories plus puissant, le nouveau gaz à l'eau répond à tous les usages de l'industrie métallurgique, céramique, fusion des métaux réfractaires, etc., etc.

D. Il faut apporter 553 litres d'oxygène O' par kilo de charbon consommé. La valeur de cet apport est d'un demi-centime s'ajoutant au prix du charbon *coke* ou *houille*.

Au prix de 16 schelling la tonne, le prix du nouveau gaz est donc en matières premières de :
2 cent. de coke + 0,5 d'oxygène = 2,5 centimes.

En monnaie anglaise on obtiendra 4 mètres cubes de *gaz à l'eau* système N° 4 pour *1 penny*.

Ou bien 1000 pieds cubes anglais pour 7,14 *pennys*.

Il est impossible d'obtenir à meilleur compte une pareille puissance calorifique.

E. La marche de l'appareil est *automatique*, on n'a qu'à régler la pression de la vapeur selon la descente et la montée des gazomètres.

Le volume de gaz récoltés est environ *5 fois* le volume d'oxygène apporté au générateur.

La main d'œuvre est ramenée au minimum.

La conduite des manœuvres permet une marche presque ininterrompue pendant un temps indéfini.

Nous décrirons dans une publication prochaine la construction de l'appareil nouveau réalisant l'application industrielle de ce nouveau procédé.

Nous l'accompagnerons des résultats expérimentaux obtenus par une expertise rigoureuse faite par de hautes autorités scientifiques.

Raoul PICTET.

ÉTUDE CRITIQUE

DU PROCÉDÉ APPELÉ

LA RÉTROGRADATION

UTILISÉ ET BREVETÉ PAR G. CLAUDE

CHAPITRE I

Considérations générales

Après l'étude qui précède et dans laquelle j'ai exposé en détails les deux procédés, l'un ancien, datant de 1899, l'autre plus moderne de 1912 qui opèrent la séparation de l'air atmosphérique dans ses éléments constituants, il me paraît nécessaire de consacrer un chapitre spécial au procédé de M. G. Claude qu'il a appelé lui-même : *Procédé de Rétrogradation*.

J'ai associé dans le début de ce volume le procédé de Claude au *procédé de rectification*.

J'ai fait cette classification, autorisé par l'arrêt important de la Cour suprême de Londres qui a condamné Claude, se basant sur les brevets de M. Linde de 1902.

Les considérants de l'arrêt sont sans réplique. Mais comme j'ai l'intention d'être loyalement juste vis-à-vis

de mes collègues en oxygène, j'ai le devoir de rendre
à César ce qui est à César et ce serait faire une injus-
tice que de sabrer tout simplement un procédé parce
qu'on ne l'a pas bien compris ou surtout parce qu'il
a été exposé d'une façon absolument *incomplète* par
son auteur.

J'ai donc fait expérimentalement et théoriquement
une longue série d'expériences qui m'ont prouvé qu'il
y a effectivement *dans l'emploi de la rétrogradation
des liquides obtenus par la liquéfaction de l'air atmosphérique*, un certain avantage sur le procédé ancien,
basé sur la liquéfaction totale et rapide de tout l'air
atmosphérique dont on veut extraire l'oxygène.

J'ai donc un devoir absolu d'exposer sincèrement, et
d'une façon explicite, en quoi consiste ce *procédé de
rétrogradation*, ses conditions de fonctionnement, ses
résultats et les différences caractéristiques de ce moyen
permettant l'obtention de l'oxygène et de l'azote par
l'emploi du travail mécanique de compresseurs.

Pour que cette étude spéciale soit facilement comprise par tout lecteur qui n'aurait pas pu lire d'une
façon suffisamment complète la première partie de ce
volume, je dois faire un exposé très court de quelques
points historiques obligatoires pour la bonne marche
des arguments.

Quelques-uns des faits relatés sont déjà connus du
lecteur mais ici ils prennent une signification plus spéciale.

La partie historique et certains détails permettent
les appréciations nécessaires comme conclusions de ce
mémoire.

Chapitre II

Les travaux de M. Linde

Ces dernières années le monde industriel a été fort occupé de l'application systématique des très basses températures, obtenues par l'apparition de l'air liquide, tout spécialement dans le but de l'extraction de l'oxygène, contenu dans l'atmosphère qui entoure notre globe.

En 1895, soit 18 ans après la liquéfaction de l'oxygène, de l'azote et des autres gaz appelés permanents, effectuées dans les laboratoires de physique en petites quantités, M. Carl v. Linde faisait paraître un long article dans les journaux scientifiques allemands dans lequel il décrivait une méthode très pratique de liquéfier l'air atmosphérique par le simple travail de la détente de l'air comprimé sans l'intervention d'aucun moteur à air froid.

Condamnant très catégoriquement tous les appareils conçus par W. Siemens en 1855, par Solvay en 1884, M. C. v. Linde applique à l'air comprimé la célèbre détente libre de Joule-Thomson et sa formule.

Il se sert également du dispositif spécial de ces illustres savants soit d'un appareil appelé *échangeur*.

Cet échangeur a pour effet de refroidir l'air comprimé, qui arrive à la vanne de détente, au moyen de l'air qui sort détendu et à une température de plus en plus basse.

9

L'action automatique du gaz sortant sur le gaz qui s'amène, est continuée jusqu'à la liquéfaction où la température de — 195° est constante.

Hampson et Linde ont doté l'industrie de machines à fabriquer l'air liquide par ce procédé presque ensemble.

Tous les laboratoires modernes les utilisent avec succès.

Linde avait aussi indiqué la possibilité d'obtenir de l'oxygène en *évaporant* l'air liquide obtenu, mais ce fait scientifique était déjà connu et l'instrument décrit dans le brevet de Linde de 1895 ne récupérait nullement l'air liquide distillé, lors même que cet air liquide était évaporé par un courant d'air sous la pression de 200 atmosphères.

En effet après avoir traversé le réservoir contenant l'air liquide dont on veut extraire l'oxygène, l'air comprimé va rejoindre l'appareil à fabriquer l'air liquide annexé au précédent et se réunit à l'air comprimé au-dessus de la *vanne de détente des gaz*. Cet air liquide obtenu se mêlerait donc nécessairement avec les gaz qui vont traverser la vanne de réglage et cela serait en complète opposition avec les conditions qui ont fixé la formule de Joule-Thomson, base du brevet Linde.

Cette démonstration ressort lumineuse du brevet de C. v. Linde et prouve qu'en 1895 Linde n'avait eu l'intention que de refroidir l'air avant sa liquéfaction par détente et nullement de récupérer, *sous forme liquide et sous basse pression*, l'air liquide obtenu dans la première opération.

Ce point est historiquement très important.

En 1899 je pris le premier brevet pour l'obtention

de l'*oxygène* par les principes de la rectification de l'air liquéfié.

En 1900, au mois d'août, M. v. Linde ayant lu un journal d'Amérique, le *Scientific american*, relatant mon système, l'attaque vigoureusement, le traite sévèrement, le déclarant inapplicable et basé sur le « perpetuum mobile » *(sic)*.

Mais il y a des chemins de Canossa même pour M. v. Linde, après sa conférence adressée aux Ingénieurs allemands à Dusseldorf en juin 1902.

En effet le brevet de 1902 de M. v. Linde applique religieusement le principe de récupération intégrale de l'air liquide sous faible pression et exactement de la même façon, par liquéfaction de l'air qui arrive comprimé et refroidi dans un serpentin noyé dans le liquide du plateau inférieur de sa colonne rectificatrice.

Il n'y a qu'à prendre le brevet de 1899 Pictet et le brevet Linde 1902 pour s'en rendre compte absolument.

Cette thèse du reste a été définitivement reconnue par la *sentence sans appel* du jugement Linde contre Dr Hecker utilisant mon brevet 1899. M. v. Linde a été condamné par suite de l'étude comparée des brevets Linde avec mes brevets antérieurs de 1899.

Voici donc en 1902 la rectification de l'air liquide acceptée par Linde et appliquée par moi industriellement dès 1899.

Ces faits sont la vérité même.

CHAPITRE III

Les Travaux de G. Claude

En 1902 je reçus dans mon usine de Manchester, la visite de M. G. Claude que, dans une lettre des plus charmantes, M. le Prof. d'Arsonval de Paris, me recommandait chaudement comme un jeune homme, *faisant de la science*, et travaillant les basses températures et la liquéfaction de l'air.

Mon usine fut ouverte à deux battants, cela va sans dire, et M. Claude a pu voir dans les moindres détails tous mes appareils, leur théorie par leur disposition et surtout tout ce qui touchait à la séparation méthodique de l'oxygène et de l'azote.

Moi-même, quelques mois plus tard, je rendis visite à M. Claude dans son usine, laboratoire placé à côté des compresseurs de la Compagnie des Tramways qui lui donnait de l'air comprimé.

Dans cette usine en 1902, *pas un mot sur l'oxygène*, aucun appareil ne fonctionnait pour l'obtenir. G. Claude ne faisait que de l'air liquide avec un moteur à détente adiabatique graissé à l'essence de pétrole.

J'apportai à Genève une bouteille d'air liquide, que fort obligeamment, du reste, M. Claude m'avait offerte.

Nous avons fait ainsi respirer aux physiciens de Genève de l'air venu liquide de Paris.

C'est dans l'automne de 1902 et le printemps de

1903 que M. G. Claude a lancé dans le monde industriel et scientifique son procédé appelé la « *Rétrogradation* ».

Dans plusieurs notes, apportées probablement uniquement par admiration, M. le Prof. d'Arsonval, expose
au nom de son ami, la théorie de la Rétrogradation,
mais il faut rendre cette justice à M. d'Arsonval, il n'a
soutenu la *théorie nouvelle* par aucun commentaire. Il
a simplement *lu* le texte fourni par M. Claude.

Je salue en passant cette louable conduite, dictée
par une parfaite discrétion.

Cette partie historique était nécessaire pour comprendre l'étude critique qui va suivre, car une foule
d'éléments physiques, mécaniques, techniques et aussi
humains s'en dégagent spontanément et sont indispensables pour asseoir un jugement pondéré sur cette
grosse question.

CHAPITRE IV

Description du procédé Claude basé sur l'application du principe dit de Rétrogradation

Je vais condenser le résumé du texte des brevets français et anglais qui ont été pris par M. G. Claude pour en dégager l'*essentiel*, sans aucune altération, ni addition et exactement comme peut le comprendre tout lecteur averti et compétent sur ces problèmes de physique.

Pour donner à cette description la forme la plus large et la plus simple, la plus à la portée de tous, je prends la rétrogradation dans son cas général physique et ensuite dans son application industrielle, tirée des descriptions des brevets de M. Claude lui-même.

En lisant les brevets français et anglais et en en causant avec des spécialistes, j'ai obtenu la certitude que *l'imprécis* du phénomène de la *rétrogradation* les a déroutés et troublés et qu'un vaste *brouillard* leur a rendu tout *jugement net* impossible.

Devant cette constatation je commencerai par la disposition la plus simple et la plus rationnelle utilisant la rétrogradation, puis je l'analyserai en en faisant une discussion serrée et inattaquable des phénomènes physiques qui s'y passent.

Nous retrouverons ensuite *modifiée* cette forme

simple dans le fonctionnement des appareils industriels construits par Claude et alors, mais alors seulement, nous aurons la possibilité de dégager un jugement net et sincère sur la valeur réelle du procédé
et les éléments psychiques qui ont dicté la rédaction
des brevets déposés.

Description de l'Appareil schématique
réalisant le phénomène de la Rétrogradation

Je prends un tube supposé *transparent* pour pouvoir discerner ce qui s'y passe et *bon conducteur de la chaleur* (Fig. 3, Pl. II). C'est un tube *cylindrique fermé au haut et ouvert au bas*

B B B représentent la paroi extérieure,

AAA le volume et la paroi intérieure.

Je suppose les parois de ce tube d'égale épaisseur partout et de métal homogène partout et transparent par hypothèse.

Ce tube pénètre au travers du fond d'un second tube vertical C C C ouvert dans le haut.

Ce tube C C C est aussi *transparent*, mais nous admettons qu'il soit construit avec une substance adiathermane, ou fait avec deux cylindres de verre concentriques, dont l'espace annulaire est vidé de tout gaz : c'est un tube Dewar.

Pour nous rapprocher le plus possible du texte des brevets Claude, nous remplissons le tube C C C d'*oxygène liquide pur* qui bout à — 182°,5 (cent quatre-vingt-deux degrés et demi au-dessous de zéro) sous la pression de l'atmosphère extérieure.

Ainsi les tubes B et C C sont tous les deux à moins — 182°,5.

L'oxygène liquide noye en totalité le tube intérieur B B.

Avant de passer aux expériences, rappelons que les
phénomènes des changements d'état des *liquides* et
des *gaz*, par évaporation, ébullition ou condensation,
suivent d'une façon *rigoureuse*, rigidement rigoureuse,
pour accentuer encore plus leur généralité, les lois de
la thermodynamique, *quelle que soit la température*
sous laquelle les phénomènes se passent.

J'ai pu entendre et assister souvent à des conversa-
tions sur l'air liquide.

Ce domaine des très basses températures semble
encore aujourd'hui pour beaucoup de personnes comme
un *clos réservé* à des spécialistes ; on ne l'aborde guère
qu'avec un peu d'inquiétude et l'on n'ose pas formuler
des jugements nets, comme ce serait le cas pour des
constatations faites dans les températures moyennes et
bien connues.

Or toutes les observations faites à ce jour nous permettent d'affirmer, sans aucune réserve, que la hauteur absolue des températures n'a aucune influence
sur les phénomènes dans leur manifestation, ni dans
leur succession, dans leur ordre relatif, ni dans leur
harmonie parfaite.

Ce résultat donne une sanction éclatante aux lois de
la physique moléculaire.

Nous pouvons hardiment les appliquer aux observations qui vont suivre.

Première expérience :

Nous faisons entrer de l'air sec et refroidi par la
partie inférieure du tube B B au moyen d'un compresseur et nous débutons par une pression *très faible*.

Que va-t-il se passer dans l'intérieur du tube B B B, le long des parois verticales et intérieures A A A de ce tube immergé à — 182°5, dans de l'oxygène liquide?

Nous appliquons immédiatement ici les lois, bien connues, utilisées par Regnault dans son *hygromètre*.

Pour voir se ternir la boule de l'hygromètre par une buée de *condensation d'eau*, il faut que la température de cette boule soit tombée à un certain point tel que la condensation des vapeurs de l'eau pure à cette température corresponde *exactement* à la tension de la vapeur d'eau contenue dans l'air atmosphérique entourant la boule refroidie.

Tant que le refroidissement de la boule n'est pas suffisant pour atteindre la température correspondante à cette valeur de la tension maximum, la *boule reste polie* et la buée est absente; la vapeur d'eau ne peut pas se condenser, *c'est impossible*.

Appliquons donc exactement cette loi au cas qui nous occupe.

Nous prenons le tube B B (Fig. 3) plein d'air sous la pression atmosphérique.

L'air se composant de 21 °/₀ d'oxygène et de 79 °/₀ d'azote, aucun de ces deux gaz ne saurait se liquéfier, ni leur mélange, contre les parois du tube A A.

Si l'azote pouvait être considéré comme un gaz permanent, il faudrait comprimer le mélange à une pression telle que la tension de l'oxygène arrivât à 4,762 at., car alors l'oxygène aurait dans le gaz comprimé une tension d'une atmosphère égale à la pression atmosphérique.

C'est sous cette pression atmosphérique que l'oxy-

gène bout autour du tube B B et maintient la température de — 182°,5.

Or l'oxygène liquide enveloppant le tube B B de
toutes parts et bouillant à la pression atmosphérique,
la buée caractéristique se manifesterait contre les parois
du tube A A *à l'intérieur*, dès que la pression des gaz
dans le tube B B aura atteint 4,762 at. absolues.

Mais l'azote lui-même *est liquéfiable*.

Nous avons la courbe de la tension de ses vapeurs
entre — 200° et — 160° (Fig. 4, Pl. II).

Si l'on considérait l'oxygène comme gaz permanent, l'azote de l'air devrait atteindre pour présenter
sa buée de liquéfaction dans le tube A A une tension
égale à celle de sa liquéfaction à la température de —
182°,5 soit 3,62 at. absolues.

Il faudrait comprimer l'air à la pression de 4,582 at.
absolues pour obtenir ce résultat.

On voit par là qu'en considérant séparément les deux
gaz mélangés : *oxygène* et *azote*, et en comprimant l'air
contre les parois intérieures du tube A A c'est l'**azote**
qui le premier atteint sa tension de liquéfaction.

L'air atmosphérique étant un mélange de gaz liqué-
fiables et la température du liquide, qui baigne le tube
B B, étant constante et égale à — 182°,5, nous
demanderons à *l'expérience* quelle est la température
de la buée puis nous vérifierons ensuite les affirmations
de G. Claude sur cette question.

La buée de liquéfaction de *l'air atmosphérique*
refroidi à — 182°,5 ne commence qu'à *3,12 at. absolues ;* tel est le résultat de l'expérience.

Sur ce phénomène G. Claude dit dans son volume
sur *l'air liquide,* p. 330, au haut de la page :

« Le raisonnement ci-dessus, valable pour un *mélange B quelconque*, démontre en outre que la pression initiale de liquéfaction *est toujours supérieure à p*, toujours supérieure *à la pression de liquéfaction de l'élément le plus condensable !*

Or nous avons vu que l'*oxygène atmosphérique*, ayant 21 °/₀ de teneur, doit être porté à *l'atmosphère de tension* pour pouvoir se liquéfier en buée contre les parois A A du tube B maintenu à — 182°,5 par l'oxygène en ébullition.

La pression de l'air, pour cela, dans le tube, doit être élevée à 4,762 at. absolues.

L'oxygène se liquéfie donc dans la buée sous une *tension inférieure à 1 at. absolue* et cela parce que l'azote ayant une teneur de 79 °/₀ se liquéfie déjà sous une pression absolue de l'air égale à 4,582 at. *inférieure* à celle demandée pour la liquéfaction de l'oxygène !

Dès la pression de 4,582 at. l'azote est porté à une tension de 3,62 at. absolues, égale à la tension de liquéfaction à — 182°,5.

Il est donc évident que sous l'effort d'*attraction interne* due au pouvoir de solubilité de l'oxygène dans l'azote liquide et réciproquement, de l'azote dans l'oxygène liquide, le mélange ne réclame plus que la tension de 3,12 at. absolues pour former *la buée.*

Il est clair que l'azote étant sous cette pression *plus voisin* de son *point de liquéfaction* et *plus abondant* (79 volumes contre 21 oxygènes) se liquéfiera *en plus grandes quantités* que l'oxygène.

C'est exactement ce que j'avais annoncé et indiqué dans mon brevet de 1899, que G. Claude *attaque.*

C'est ici que *la question de rétrogradation* prend toute sa valeur.

Nous devons suivre pas à pas ce qui va se passer contre les parois du tube A A à l'intérieur.

Le phénomène de la Rétrogradation.

Nous devons rappeler le fait caractéristique suivant :

Tout mélange *d'azote et d'oxygène* liquide est en *équilibre stable* avec les vapeurs qu'il émet ; mais *dans les vapeurs*, la tension de l'azote, par rapport à celle de l'oxygène, est *toujours supérieure* à la proportion de la quantité d'azote liquide du mélange comparativement à celle de l'oxygène liquide de ce *même mélange*.

C'est la loi fondamentale sur laquelle est bâti le procédé de rectification.

Ainsi un mélange de *46 parties d'oxygène liquide* et de *54 parties d'azote liquide*, émet des vapeurs, sous la pression barométrique, qui ne contiennent que *21 parties d'oxygène* et *79 parties d'azote !*

De même un mélange de 7 °/₀ d'oxygène liquide, réunis à 93 °/₀ d'azote liquide, émet des vapeurs qui ne contiennent plus que 2,8 °/₀ d'oxygène gazeux et 97,2 °/₀ d'azote gazeux.

Est-ce à dire que la réciproque soit vraie? comme le dit *M. G. Claude !*

M. Claude dit formellement : *De même qu'un mélange de 46 parties d'oxygène et de 54 parties d'azote à l'état liquide et sous la pression atmosphérique émet des vapeurs contenant 21 °/₀ d'oxygène et 79 °/₀ d'azote; tout mélange gazeux contenant 21 °/₀ d'oxygène et 79 °/₀ d'azote, comprimé à la pression atmosphérique*

et liquéfié donnera un liquide contenant 46 °/₀ d'oxy-
gène et 54 °/₀ d'azote!

Cette thèse présentée ainsi est *insoutenable* et en
opposition absolue avec les faits expérimentaux.

Cette thèse est *tellement incomplète* que, dans la
forme indiquée plus haut, *elle ne soutient pas un seul
instant l'examen !*

En effet si dans un tube A A on introduit de l'air
atmosphérique et qu'on *liquéfie totalement* un certain
volume d'air, il est bien évident qu'on aura dans *le
liquide* obtenu, *le poids intégral des constituants de
l'air*, soit 21 °/₀ d'oxygène et 79 °/₀ d'azote : Expérience du physicien Dewar niant formellement la thèse
de Claude.

Cette opération n'aura pas *créé le miracle*, de faire
apparaître subitement 46 °/₀ d'oxygène dans le liquide
obtenu !

Nullement, mais en faisant intervenir certains facteurs physiques *passés sous silence dans les brevets
de Claude, une position d'équilibre peut s'obtenir* entre
les vapeurs que l'on comprime, et le liquide qu'elles
forment.

Rappelons encore la loi suivante :

Le point d'ébullition de l'azote est à — 195°,5
sous la pression barométrique, dès qu'on introduit
dans *l'azote liquide* une quantité progressive d'oxygène liquide, la température d'ébullition *du mélange*
s'élève parallèlement et simultanément jusqu'à
— 182°,5, lorsque le mélange est devenu de l'oxygène pur liquide.

Toutes les courbes des tensions de vapeur de ces
différents mélanges progressifs partent de la courbe des

tensions de *l'azote pur* et par une série de courbes semblables, vont se confondre avec celle de *l'oxygène liquide pur*, lorsque le mélange ne contient plus d'azote !

En gardant dans la pensée ces constations expérimentales, nous reprenons l'expérience du début :

Nous comprimons de l'air atmosphérique *sec* et *purifié* de tout acide carbonique, dans le tube **B B** vertical et dont les parois extérieures sont noyées dans l'oxygène liquide à — 182°,5.

Il se forme ainsi que nous l'avons vu une buée d'azote absorbant immédiatement de l'oxygène sous la pression caractéristique de 3,1 at. absolues. C'est la pression de liquéfaction de l'air liquide à — 182°,5.

La liquéfaction de ces petites masses d'azote et d'oxygène produit deux effets simultanés au moment de leur liquéfaction à — 182°,5 et 3,1 at. de pression : D'une part, la chaleur latente de condensation et de dissolution des deux petites masses liquides mélangées, traverse l'épaisseur des parois du tube A B — A B pour évaporer une masse équivalente d'oxygène liquide au dehors.

D'autre part, l'oxygène qui peut se dissoudre immédiatement dans l'azote liquéfié, contre les parois du tube A A ne saurait, au début du phénomène, dépasser comme teneur 21 °/₀ de l'azote liquéfié, rapport qui existe dans la masse gazeuse arrivant dans le tube A A et immédiatement en contact avec ces parois sous la pression de 3,1 absolues.

Comme la liquéfaction, soit de l'azote, soit de l'oxygène, a sensiblement réduit le volume du gaz arrivant dans le tube A A sous pression, de 3;1 at., nous maintenons constante cette pression de liquéfaction par le jeu d'un compresseur d'air qui comble le vide produit.

Suivons ce qui va se passer contre les parois verticales A A du tube : Les petites gouttelettes formant la buée de départ du phénomène de liquéfaction, se réunissent ensemble par capillarité et, vu leur poids, elles vont glisser vers le bas du tube contre les parois A A attirées uniquement par la pesanteur.

En même temps il se produit dans la masse gazeuse contre les parois du tube A des phénomènes de diffusion, obligatoires par suite de la rupture d'équilibre entre le *liquide formé*, les *vapeurs qu'il émet*, et les *gaz qui sont en contact avec le liquide* naissant.

Une *masse liquide* ayant $21 °/_0$ d'oxygène et $79 °/_0$ d'azote, constituée automatiquement contre les parois AA du tube, boût à $- 194°$; elle est donc apte même sous la pression de 3,1 at. à *rejeter de suite une partie de son azote* qui retourne avec les gaz d'où elle provient dans le tube A sous la température de $- 182°,5$. Par contre toutes les molécules gazeuses d'oxygène qui, *par mouvement de diffusion des gaz*, viendront toucher la surface du mélange liquide *seront captées* par dissolution, puisque le liquide formé émet plus d'azote que d'oxygène et qu'il ne sera en équilibre dynamique avec le milieu gazeux (air atmosphérique) que lorsqu'il aura $46 °/_0$ d'oxygène et $54 °/_0$ d'azote sous forme liquide.

Ce mélange est donc la *limite du liquide possible dû à la diffusion, si l'on donne aux masses gazeuses du tube B B le* **temps de se déplacer et d'atteindre toutes progressivement la surface du liquide formé contre les parois A A.**

Cette condition est *fondamentale*.

Elle a été *complètement oubliée* par M. Claude dans toutes ses publications !

Il faut donner *du temps à l'opération*.

Toute *rapidité* dans la liquéfaction ne provoque que la **liquéfaction brutale de l'air tel quel,** sans enrichissement d'oxygène, à raison de 21 °/₀ d'oxygène et 79 °/₀ d'azote.

Voilà pourquoi les phénomènes d'évaporation et de condensation ne sont point réversibles obligatoirement et dans n'importe quelles conditions.

Par contre toute liquéfaction *lente, progressive* de l'air atmosphérique contre les parois du tube A A *sous pression de 3,1 at. absolues maintenue constante*, permettra, *uniquement par diffusion, et par échanges de gaz à la surface du liquide formé, un enrichissement* du liquide *en oxygène*, jusqu'à concurrence de 46 °/₀ d'oxygène et 54 °/₀ d'azote, comme limites supérieures pour la teneur en oxygène.

Ce résultat sera encore accru si l'on permet aux gaz liquéfiés contre les parois du tube A A d'avoir un *long parcours* en arrière (d'où le mot de rétrogradation) en sens inverse de l'air comprimé qui arrive pour combler le vide dû à la liquéfaction.

Ce point bien établi et indiscutable, observons comment dans un tube *infiniment long A A A* s'effectuera la liquéfaction de l'air introduit sous pression constante d'une façon continue par le jeu du compresseur.

En prenant un tube B B suffisamment long et en pompant d'une façon lente et méthodique l'air dans son intérieur, on voit tout de suite qu'une partie de la surface intérieure A A du tube ne donnera aucun liquide appréciable comme quantité; ce point est le sommet du tube A A fermé, mais maintenu constamment à — 182°,5.

En effet, tout l'oxygène qui arrive par le tube B B de bas en haut avec l'apport de l'air, aura réussi ; *par diffusion*, à pénétrer dans l'azote liquide qui descend du haut en bas contre les parois A A.

Or, si la pression *est suffisante*, l'azote se liquéfiera *en totalité* dans le haut du tube et alors on n'aurait au bas du tube que de l'*air atmosphérique liquide*.

Ce serait contraire à toutes les intentions de l'inventeur !

On sera donc forcé de *diminuer la pression* pour que le sommet du tube *ne donne pas d'azote pur liquide*, mais seulement *la buée caractéristique* de liquéfaction.

Ce sommet restera neutre et mort comme production de gaz liquéfiés.

Le sommet du tube ne contiendra que de *l'azote presque pur*.

Au-dessous et progressivement avec l'écoulement du liquide formé contre les parois du tube A A, l'oxygène et l'azote mélangés se liquéfient et un affinage méthodique s'opérera, *par surface*, contre les parois A A du tube, enrichissant toujours davantage le liquide en oxygène au détriment de l'air qui arrive.

La diffusion de l'oxygène, l'entraînant contre les parois A A est ici nécessaire.

Ainsi il est parfaitement certain qu'en utilisant la pesanteur, faisant rétrograder le liquide condensé dans un long tube B B noyé dans l'oxygène liquide à — 182°,5 en adoptant pour la compression de l'air *une pression spéciale*, qui dicte *le temps de l'opération* et fixe le rendement du tube A A, en liquide descendant, en donnant à la diffusion *un temps suffisant* pour se produire, on extraiera une certaine quantité de liquide au bas du tube B B pouvant au maximum titrer 46 °/₀ d'oxygène et 54 °/₀ d'azote à l'état liquide.

Ce liquide obtenu émet des vapeurs identiques à l'air atmosphérique générateur.

L'azote s'accumulera progressivement vers le sommet du tube B B et refoulera vers le bas *la partie active du tube B B.*

Pour obtenir *un procédé continu, il faut évacuer* l'azote par le haut du tube B et le liquéfier totalement dans un tube recourbé en sens inverse du tube B B et noyé aussi dans *l'oxygène liquide* à — 182°,5.

Le premier tube débarrassera l'air montant comprimé, d'une grande partie de son oxygène contre les parois A A, si l'on suit les conditions stipulées plus haut et qui sont *obligatoires.*

Le tube parallèle au tube B B, mais alimenté à son sommet, par le résidu des gaz atteignant le haut du tube B B et s'écoulant dans l'autre tube, condensera de l'azote avec l'oxygène qui n'a pas été condensé dans le tube B B.

Il est clair que les deux liquides obtenus au bas des deux tubes liquéfacteurs n'ont pas la même teneur en oxygène ni en azote.

Le principe *de la rétrogradation est donc vrai* et utilisable, à condition de respecter religieusement la question *de vitesse*, et les rapports nécessaires entre la section des tubes directs verticaux liquéfacteurs et le volume d'air comprimé, envoyé à chaque instant dans l'appareil.

Ce que nous venons de dire pour l'air atmosphérique donnant deux courants de gaz simultanément, l'un plus riche en oxygène, l'autre plus riche en azote, par l'application du principe de rétrogradation, peut s'appliquer exactement à un *appareil compound*, qui opérerait non plus sur l'air atmosphérique, mais sur les gaz riches en azote et pauvres en oxygène.

Ce sont ces gaz qui s'échappent du haut du tube A A et ont perdu pendant leur ascension une partie de leur oxygène.

Ils s'écoulent gazeux hors du tube A A et sont liquéfiés dans le tube parallèle.

Pour construire cet *appareil compound*, et surtout pour le mettre en fonctionnement, ce n'est plus avec de l'oxygène liquide bouillant à — 182°,5 qu'on pratiquera, la liquéfaction des gaz montant dans le tube A′ (Appelant A′ le tube A servant dans l'appareil compound).

On remplacera l'oxygène liquide par les *gaz liquéfiés* qui s'écoulent spontanément au bas du tube parallèle à B dans le premier appareil et qui contiennent environ 5 à 6 % d'oxygène et 94 à 95 % d'azote.

Ce liquide bout à environ — 195°.

Dans cet appareil compound, la température d'ébullition des différents mélanges, descendant le long du tube A′, condensés, est à peu près constante.

De 21 % à 0 % en oxygène, la température d'ébullition ne varie que de 1°,5 à 2°, elle est presque constante. Si donc on a dû apporter une certaine *lenteur* à la compression des gaz dans le premier appareil, il faudra apporter *encore plus de précautions et de lenteur* dans la compression des gaz de l'appareil compound, puisque la moindre augmentation de pression *ferait liquéfier tous les gaz en même temps* contre les parois A'A' du tube B'B' et supprimerait le travail de rectification qui se produit par diffusion et automatiquement pendant la descente rétrogradée des liquides formés.

Nous appuierons particulièrement sur le point suivant : Toute portion du tube BB *qui travaille* reçoit de la chaleur latente des vapeurs qui s'y condensent, cette chaleur ne traverse les parois du tube AA que par suite d'une élévation de température de cette paroi par rapport à la température extérieure de — 182°,5.

Il est clair que cette élévation de température nécessaire, agit toujours dans le sens de l'appauvrissement du liquide *en azote*, qui sort, et par *son remplacement* par de *l'oxygène* moins volatil et se dissolvant rapidement dans le liquide descendant.

Ainsi, soit dans l'appareil primaire, soit dans l'appareil compound, *la vitesse de compression, la hauteur de la pression, la qualité du liquide volatil utilisé dans l'appareil compound,* en remplacement de l'oxygène pur, tous ces facteurs jouent le *rôle essentiel et prépondérant.*

Dès que le travail *s'active trop,* la liquéfaction des gaz comprimés ne donne plus que de *l'air liquide,* avec des différences très faibles dans les liquides qui coulent au bas des tubes verticaux plongés dans l'oxygène liquide.

Par contre, si l'on modère l'allure de la marche, qu'on trouve une juste proportion entre la valeur des gaz comprimés, le volume et la surface du tube A immergé dans l'oxygène liquide, et qu'on recommence une, deux ou plusieurs fois, l'opération dans des appareils à double, triple, quadruple effet, tous basés sur le même principe, il est possible d'atteindre des degrés de pureté de l'azote de plus en plus parfaits, comme, du reste, avec l'appareil à rectification simple, décrit minutieusement dans les chapitres précédents de la première partie de ce mémoire.

Application industrielle du procédé de la Rétrogradation dans les appareils Claude

En discutant sur le principe scientifique de la rétrogradation, tel qu'il s'impose pour l'étude critique, nous sommes arrivés à la construction d'un appareil schématique la réalisant.

Cet appareil se compose de deux tubes parallèles réunis par leur sommet et plongeant tous les deux dans l'oxygène pur liquide à la température de —182°,5.

L'air est comprimé, déjà refroidi dans les échangeurs, et monte, comprimé, en léchant les parois du premier tube en tombant par glissade contre l'air comprimé qui monte.

Le tube B laisse couler au bas un mélange d'azote et d'oxygène liquides et titrant dans les meilleures conditions 46 °/$_0$ d'oxygène et 54 °/$_0$ d'azote.

Le tube parallèle à B reçoit les gaz sortant par le sommet de B et non encore liquéfiés et les *liquéfie totalement*. Ces gaz donnent naissance à un liquide titrant environ 6 °/$_0$ d'oxygène et 94 °/$_0$ d'azote.

Tel est le résultat *acquis* et non discutable.

Dans cette *forme rudimentaire*, la rétrogradation *n'a aucune valeur commerciale*, ni comme oxygène, ni comme azote, obtenus par cet appareil schématique.

G. Claude a donc immédiatement complété son appareil en déversant, en deux places *d'une colonne normale rectificatrice*, ces deux liquides si différents de composition.

Le plus riche en azote bout à —195°,1 ou —195°,2 selon sa teneur en azote ; le second bout à —189° environ ou 190° selon sa teneur en oxygène.

Le liquide le plus froid à 94 °/₀ d'azote est déversé au haut de la colonne, le second plus bas dans le plateau contenant un liquide adéquat situé vers le premier tiers environ en partant du haut de la colonne.

Ici, la colonne rectificatrice donne au bas de l'oxygène aussi pur qu'on le désire et le haut de la colonne donne obligatoirement un mélange de gaz identiques aux gaz qui s'échappent par le haut du tube B de la figure schématique (Pl. II, Fig. 3).

Cette *addition de la colonne rectificatrice s'impose* et le procédé de la rétrogradation n'a aucune *valeur commerciale sans cette seconde partie* de l'appareil dans lequel les phénomènes physiques qui s'y passent sont identiques à ceux que nous avons examinés si minutieusement dans la première partie de ce travail.

C'est cette obligation absolue d'adopter, malgré l'application de la rétrogradation, *une colonne rectificatrice* qui a fait condamner en dernière instance, en Angleterre, Claude *comme contrefacteur*, par Linde qui a invoqué son brevet de 1902.

C'est aussi pourquoi nous avons assimilé le brevet de Claude (1903) aux procédés par rectification.

En appliquant donc simultanément le principe de la rétrogradation et le principe de la rectification et en y ajoutant encore les appareils compound opérant par les deux principes, on peut obtenir, indiscutablement, de l'oxygène et de l'azote *très purs*. Jamais l'azote n'aura cependant *la pureté parfaite*.

Ce point théorique est capital parce qu'il forme *le mur* entre le procédé par *rectification* et le procédé par *dissolution* et *distillation fractionnée* qui, lui, fournit *d'abord* et avant tout de l'azote chimiquement pur.

Chapitre VII

Discussion sur les conditions de marche normale et industrielle de l'appareil de G. Claude

Un appareil opérant la séparation de l'air dans ses éléments doit fournir un volume de gaz vendables et en abondance, pour autoriser un commerce lucratif. Or, l'industrie réclame en azote et en oxygène des volumes considérables.

Il faut traiter au moins 500 mètres cubes d'air par heure pour obtenir les provisions de gaz égales à 400 mètres cubes d'azote et 100 mètres cubes d'oxygène ; plus exactement 395 mètres cubes d'azote et 105 mètres cubes d'oxygène.

On devra donc comprimer dans l'appareil Claude 500 mètres cubes d'air atmosphérique, *au minimum de pression* capable de liquéfier 400 mètres cubes d'azote pur à — 182°,5.

Si la pureté de l'azote doit être telle que la teneur de 5 °/₀ en oxygène persiste dans les gaz sortants, la pression *absolue théorique* est de 3,62 atmosphères.

Or, ces 500 mètres cubes d'air comprimés à 3,62 at. lèchent les parois des surfaces baignées dans l'oxygène liquide à — 182°,5 et y déposent contre elles une centaine de mètres cubes d'oxygène liquide.

La pression des gaz qui, *statiquement*, est de 3,62 at. doit monter à 4,5 at. pour provoquer la liqué-

faction générale des gaz à cette même température de
— 182°,5 contre des parois *sèches d'oxygène*, qui sont
les parois métalliques du condenseur placé après l'appareil à rétrogradation. (Voir le brevet de Claude de
1903).

Il est clair que l'azote porté à une telle tension par
nécessité, se dissoudra *avec vitesse* et *de préférence*
contre les parois qui *ruissellent d'oxygène liquide
riche* et transformeront cet oxygène en un mélange de
plus en plus saturé *d'azote*.

Si l'opération est conduite dans des appareils *à surface restreinte*, les liquides qui s'écouleront au bas du
premier condenseur à rétrogradation se rapprocheront
singulièrement de la composition de *l'air liquide* ordinaire.

L'opération physique qui consiste à condenser *à la
même température de* —182°,5, **deux** *liquides hétérogènes*, comme un liquide de 46 °/₀ d'oxygène et
54 °/₀ d'azote et un autre de 95 °/₀ d'azote et 5 °/₀
d'oxygène est *une impossibilité physique* si l'on ne fait
pas intervenir un *truc* !

C'est de *l'acrobatie scientifique*, qui réclame une
disposition d'appareil *truquée, artificielle, spéciale*.

Or, G. Claude *n'a rien dit* dans son brevet, ni dans
son volume, sur le *truc* nécessaire, obligatoire, **qui**
permet, **par virtuosité**, la réalisation de ce paradoxe
de thermodynamique.

Tous les physiciens, et en particulier Dewar, ont
protesté avec énergie contre l'acceptation de la théorie
de G. Claude, parce que Claude s'est bien gardé de
développer dans ses publications et ses brevets le dispositif spécial, qui, *seul*, peut permettre à ces deux

liquides de se former simultanément, sous *même pression*, et sous *même température du liquide de condensation*.

Voici maintenant l'explication complète de cette disposition spéciale, *virtuosique*, qui permet cette chose étrange.

Je représente dans la fig. 5 l'appareil *schématique idéal* qui donne une des solutions du problème posé.

Dans une grande cuve (Fig. 5) O O O O remplie d'oxygène liquide à la température de — 182°,5 je plonge un *appareil double* représentant *une solution* du problème.

Un large cylindre à *parois épaisses métalliques* (entouré ou non de matières protectrices, *à faible pouvoir de conductibilité*) est plongé entièrement dans l'*oxygène liquide*, à la température de — 182°,5.

Le bas de ce cylindre est fermé par un fond concave S S.

Une tubulure E permet d'amener constamment dans ce réservoir A A A A un courant d'air sec et refroidi dans le voisinage de — 182°,5, température de l'oxygène liquide sous la pression de 760^{mm}.

Le haut de ce cylindre A A est fermé par une calotte métallique portant l'ouverture F qui le met en relation avec une série de tubes à *minces parois en cuivre* B B B B B et noyés de même dans l'oxygène liquide : — 182°,5.

Tous ces tubes B B B, etc. sont reliés à leur base par un tube T T T qui leur sert d'écoulement commun.

Cela bien compris, nous faisons arriver l'air comprimé et sec sous une pression de 4 à 5 at. par le jeu d'un compresseur débitant 500 mètres cubes d'air à l'heure.

Sous cette pression, l'air comprimé commence à se liquéfier dès son entrée dans le cylindre A A A contre les parois en contact avec l'oxygène liquide qui le baigne.

Dans le cylindre nous superposons une série de plateaux qui forcent l'air à passer tantôt au centre du plateau, tantôt à la périphérie du plateau placé au-dessus et au-dessous.

L'air marche en quinconce de bas en haut en suivant le chemin tracé par ce dispositif des plus simples.

Or les 500 mètres cubes d'air contiennent 105 mètres cubes d'oxygène et 395 mètres cubes d'azote.

Nous voulons récolter par la tubulure S S du bas du réservoir A A un liquide composé de 46 °/₀ d'oxygène et 54 °/₀ d'azote et *en même temps, sous la même pression,* et *à la même température,* un liquide dont les teneurs sont : 6 °/₀ d'oxygène et 94 °/₀ d'azote.

Voici par l'application de simples règles d'algèbre, les liquides qui doivent sortir de S S et de T, si nous travaillons 500 mètres cubes d'air atmosphérique par heure :

On doit récolter par heure en S S = 80 m. q. d'oxygène
Mélangés avec   = *96* m. q. d'azote
Formant ensemble un mélange de = *176 m. q. liquéfiés*
    46 °/₀ de 176 mètres = 80 mètres cubes d'oxygène
    54 °/₀ de 176 mètres = 96 mètres cubes d'azote

C'est donc bien le liquide demandé.

Les gaz s'échappant *liquéfiés* par le tube T auront pour volume :

> Volume de l'oxygène = 19,5 mètres cubes
> Volume de l'azote   = 304,5 mètres cubes
> _____
>   Ensemble 324,0 mètres cubes

$$\frac{19,5}{324} = 0,06 \text{ }^0/_0 \text{ d'oxygène}$$

et

$$\frac{304,5}{324} = 0,94 \text{ }^0/_0 \text{ d'azote}$$

Volume total des gaz sortant après l'opération :

par S S = 176 mètres cubes
par T = 324 mètres cubes

Total *500* mètres cubes.

Nous connaissons la surface du réservoir cylindrique A A A baigné dans l'oxygène liquide :

En adoptant *55 calories comme chaleur latente du gaz qui peut se liquéfier* par kilogramme, la surface du réservoir cylindrique devra laisser passer au travers *de ses parois* et *par heure :*

228,8 kilo $\times$ 55 calories = *12 584* calories

Les tubes B B B B laissent traverser leur surface immergée dans l'oxygène à — 182°,5 par un nombre de calories donné par :

421,2 kilo $\times$ 55 calories = *23 166* calories

Si nous protégeons les parois du cylindre A A par des matières mauvaises conductrices de la chaleur, le coefficient numérique donnant à —182°,5 le nombre de calories qui traversent par heure, mètre de surface, et degré d'écart de température entre les deux surfaces, peut être réduit de 4600, valeur normale, à 1250 calories.

Or nous savons que pour équilibrer la condensation d'un mélange *d'oxygène et d'azote* avec la condensation d'un autre mélange plus pauvre en oxygène, il faut établir dans notre cas, une différence de température de 7°,5 au minimum entre les surfaces liqué- fiantes.

En conséquence de ces dispositions *obligatoires* dans l'exemple que nous avons arbitrairement choisi, mais, d'accord avec la pratique, nous pouvons cons- truire les appareils ainsi que suit :

Cylindre A A A de la fig. 5 ayant au total une sur- face de 1,59 mètre carré.

Cette surface laisse passer par heure et par degré de différence entre les deux côtés une quantité de *1250 calories* aux températures voisines de — 182°,5.

Pour laisser passer les 12 584 calories il faudra donner entre les surfaces une différence d'environ 7°,5.

Donc la condensation du mélange d'oxygène et d'azote, dont la teneur en oxygène sera 46 °/₀ et en azote 54 °/₀, s'effectuera à l'intérieur du cylindre A A à la température de — 182°,5 + 7°,5 = — 175° cen- tigrades.

La pression constante sera de 4 à 5 at. dans l'air entrant par la tubulure E.

Le mélange liquide se forme sur toutes les surfaces en contact avec le liquide extérieur et se trouve forcé de lécher les parois non seulement de l'enveloppe verticale du cylindre, mais aussi des plateaux horizon- taux M M M, dont on peut mettre une nombreuse série.

Comme le diamètre du cylindre A est grand, les gaz marchent *avec lenteur* et permettent aux phénomènes de diffusion de se produire abondamment.

Le liquide est en contact pendant toute la durée du trajet sur les plateaux avec l'air qui arrive.

L'oxygène peut donc *se liquéfier* par dissolution

dans les liquides qui descendent et comme la température des parois s'élève de $7°,5$ par le fait des calories dégagées, le poids du *liquide possible* formé pendant l'heure est **limité !**

La température de toute la masse gazeuse contenue dans le réservoir A A est maintenue automatiquement à — $175°$, valeur empiriquement cherchée pour cadrer avec la pression obligatoire pour la liquéfaction de l'azote, relativement pur, qui se condense dans les tubes B B B, non mouillés par l'oxygène liquide.

Ces tubes, dont la surface sera de $5,36$ mètres carrés, sont en cuivre mince et laissent passer 3400 calories par mètre carré et par heure pour un degré de différence de température entre l'intérieur et l'extérieur.

Admettons que la liquéfaction s'opère à l'intérieur à la température de — $181°$, il y aura $1°,5$ d'écart, et chaque mètre carré laissera passer 5100 calories à l'heure.

Donc nous récolterons au bas des tubes B B B par la tubulure T un poids de $421,2$ kilo de liquide titrant $94 °/_0$ d'azote, $6 °/_0$ d'oxygène et ayant cédé une quantité de 23166 calories au liquide extérieur.

C'est *une solution complète du problème* de la rétrogradation quant à l'obtention des *quantités* et *qualités* des liquides qui vont être envoyés dans la colonne rectificatrice.

Donc *oui* et encore *oui*, **on peut avec un truc réaliser l'application industrielle de la rétrogradation.**

Nous avons donné tous ces détails pour faire entendre clairement comment il est possible de matérialiser

le paradoxe formel né des conditions mêmes du procédé
de G. Claude.

Si les surfaces des appareils ne sont pas calculées
spécialement, tant pour leur pouvoir de conductibilité
que pour la dimension des tubes, siège de la rétrogradation, l'état d'*équilibre instable perpétuel* qui est l'essence même de ce procédé, bouleversera les résultats
que l'on attend.

On récoltera alors de l'air liquide simplement.

Si le courant d'air est trop rapide, tous les gaz sont
entraînés mécaniquement dans la seconde partie de
l'appareil sans avoir trouvé, ni le temps, ni les conditions nécessaires pour abandonner l'oxygène qu'ils
apportent; là encore on obtiendra de l'air liquide
ordinaire.

Si la pression est trop élevée l'azote se joint à l'oxygène dès l'entrée pour s'y liquéfier aussi.

Enfin tout l'appareil gravite entièrement sur cette
acrobatie qui consiste à comprimer *sous une même
pression* un mélange gazeux, et à faire naître *artificiel-
lement un écart systématique* de température entre les
deux chambres condensatrices, la première ayant toujours une *température supérieure à la seconde.*

Quelle que soit la forme de l'appareil, ces conditions
essentielles doivent s'y retrouver et doivent se calculer
d'avance sur la production horaire de l'installation en
oxygène et azote réclamée par l'industrie.

Dans le procédé de rectification, l'équilibre des phénomènes est stable et l'appareil peut donner des phénomènes très constants, avec d'assez grandes différences de production.

CHAPITRE VIII

Conclusions sur le procédé Claude

Le procédé Claude est basé sur trois séries de phénomènes bien distincts :

1° La *récupération* des liquides nés de la liquéfaction totale de l'air atmosphérique, par la condensation contre les parois métalliques noyées dans les liquides obtenus, lesquels s'évaporent en donnant naissance à deux courants gazeux, l'un d'oxygène et l'autre d'azote ; l'azote ne pouvant jamais atteindre la pureté parfaite.

2° La séparation artificielle par rétrogradation de l'air atmosphérique entrant et se liquéfiant, en donnant dès l'abord naissance à deux liquides de teneurs différentes en oxygène et en azote.

3° L'utilisation de ces deux liquides hétérogènes, l'un se déversant au sommet d'une colonne rectificatrice, l'autre plus bas, selon la valeur de sa richesse en oxygène.

Or, au point de vue *des antériorités*, et par ordre chronologique, nous trouvons ceci :

En 1880-1881, j'ai pris deux brevets sur la séparation méthodique des liquides mélangés par l'application rationnelle des basses températures.

J'expose dans ces brevets et additions (accordés en Allemagne sous le n° 16 512 du 21 décembre 1880 et dans une publication très développée parue dans les « Archives des Sciences physiques et naturelles », Genève, 1881) toute la théorie de la rectification, ses lois et la possibilité de séparer totalement aux *basses températures n'importe quel mélange de liquides* se dissolvant en toutes proportions.

Je démontre que la *rectification totale* du liquide mélangé s'obtient *à toutes températures* (sauf cas de congélation) par toutes les formes de plateaux dans la colonne et aussi par l'action **des surfaces** lorsqu'on fait *rétrograder* le liquide le *plus volatil, condensé par un procédé quelconque en haut de la colonne*, en sens inverse des vapeurs mélangées qui montent.

Les surfaces mouillées agissent donc dans ces colonnes d'une façon *identique* à la théorie de la rétrogradation de Claude, examinée dans la figure schématique (Fig. 3, Pl. II).

Que la surface des tubes verticaux, seule opère, ou qu'on en accentue l'effet par des surfaces accessoires, plateaux simples, sur lesquelles les liquides descendants en décuplant, si l'on veut, l'effet de la paroi verticale du tube, *la rectification complète du liquide est obtenue, si la colonne est assez longue !* Cette *antériorité* a été consacrée par l'examen préalable *en Allemagne*, et n'est *certainement pas ignorée* par G. Claude.

L'appareil de G. Claude qui permet d'obtenir 46 °/₀ d'oxygène et 54 °/₀ d'azote est *une colonne rectificatrice à surface*, brevet allemand n° 16512, *sans plateau*, et simplement *moins active* que celle que j'ai employée, mais que j'ai restituée à *l'appareil idéal* G. Claude (Fig. 5, Pl. II).

Ces brevets sont dans le domaine public depuis le
20 décembre 1895.

Cette constatation irréfutable n'est faite ici qu'au
point de vue moral.

En 1899, j'ai pris le brevet principal dont l'élément
essentiel, pour la séparation méthodique de l'air dans
ses constituants, est la *récupération intégrale de l'air
liquide sous basse pression.*

M. G. Claude est *tellement gêné* par cette antériorité,
qu'il essaie, avec peine, de faire remonter ce principe
à Parkinson en 1892 !!!

A cette époque *l'air liquide* en quantité *n'existait
pas* et le désideratum de Parkinson, de même que celui
de Linde et de Hampson, etc, était simplement de faire
servir autant *que possible* le froid *obtenu à l'abaissement
de température des gaz qui arrivent !*

Cela c'est *un vœu, un désir !*

Aucune réalisation pratique ni expérimentale n'a
accompagné l'expression naïve et timide de cette
aspiration si légitime.

C'est tellement vrai que Claude est forcé, dans son
livre de 1909, d'ajouter en parlant du brevet de Parkinson, que ce physicien n'a *aucun moyen technique
quelconque* pour donner une sanction *même élémentaire* à son espoir théorique : « Parkinson oublie tout
à la fois le but qu'il poursuit et les principes essentiels qu'il vient de poser » (page 298 *sic*).

Quand à Linde, 1895, il fait la même erreur que
Parkinson sous une autre forme, il ramène *au-dessus
de la vanne de détente des gaz* le contenu des tubes qui
sont sensés *rapporter le froid reconquis* aux gaz qui
partent. Ces gaz arrivent, *sous une pression de 200*

atmosphères, et se mélangent aux gaz avant leur détente !

Donc, dispositif mécanique, **absurde,** si l'on admet que Linde eût eu la plus vague idée de reconstituer l'air liquide intégralement sous faible pression !

Pour Hampson, *1896*, Claude donne un dessin de son appareil (page 310 de l'ouvrage de Claude).

Une simple inspection *dément jusqu'à l'évidence*, que Hampson, comme Parkinson et Linde, ait jamais voulu *noyer des serpentins dans l'air liquide obtenu d'abord par un moyen quelconque !*

En effet si le bas de l'appareil dans l'opinion de Hampson, eût dû contenir de l'air liquide, ou de l'oxygène liquide, tout cet air liquide, s'évaporant au contact des serpentins destinés à la récupération du liquide, *aurait chassé rapidement et avec force* la totalité du liquide hors de cette chambre close dont les orifices d'échappement partent du *bas de la chambre* et conduisent au dehors.

Il ne serait pas resté une goutte de liquide au bas de l'appareil et la récupération serait une vaine chimère. C'est d'une *évidence enfantine !*

Comment Claude, qui publie le dessin, n'a-t-il pas vu cette *impossibilité ?*

Le dispositif mécanique de l'appareil d'Hampson crie la vérité sur cette question.

C'est donc bien *en 1898* pour la première fois, en traversant l'Atlantique que j'ai réussi à créer un *ensemble mécanique* réalisant **la reconstitution totale, méthodique et sous faible pression** de l'*air liquide* dans les appareils à produire l'oxygène et l'azote gazeux, extraits de l'air atmosphérique.

Cette conclusion gêne et gênera toujours M. Claude.

En arrivant à New-York j'ai rédigé mes brevets, et dès 1899 j'ai effectué de nombreuses expériences sur la récupération intégrale de l'air liquide.

Les brevets ont été déposés *en décembre 1899* et immédiatement après attaqués par les agents de Burger, Hampson, Linde, etc., etc.

Le procès a duré sans interruption deux mois et grâce aux explications, dont j'ai donné un résumé plus haut, toutes les oppositions *ont été écartées*.

Le *brevet américain* a été accordé officiellement il est donc une *antériorité consacrée*.

M. G. Claude aurait au moins dû le constater.

En Allemagne de même, le brevet de 1899 y a été discuté avec acharnement par Linde. Il a succombé et le brevet officiel a été accordé.

La reconstitution de l'air liquide intégrale sous faible pression, est donc une antériorité qui barre le brevet de Claude.

En effet, que reste-t-il d'un procédé où la liquéfaction de l'air qui arrive ne renouvelle pas le liquide qui s'évapore? C'est là *le phénomène capital* qui permet le travail économique et continu.

M. G. Claude *s'en sert* sans sourciller et en plus critique le brevet de 1899 d'une façon sarcastique.

Il commet dans cette critique deux *erreurs impardonnables* qui caractérisent nettement l'esprit qui l'anime :

1° Il signale comme un *fait capital* la nécessité de combler les pertes dues à l'effet de la chaleur ambiante. Ce point est absolument *étranger* au *procédé théorique* sur la séparation de l'air en ses éléments.

On apporte de l'air liquide fabriqué *comme on veut* pour compenser ces pertes. Elles sont du reste éminemment variables selon la construction et les dimensions des appareils.

2° M. Claude nie la *reconstitution avec plus value* de l'air liquide dans mon procédé !

Là décidément M. Claude reprenez vos *cahiers d'école*:

Lorsque en 1874 j'ai donné avec les équations des machines frigorifiques par compression, une *machine réalisant en totalité ces cycles réversibles*, j'ai *prouvé expérimentalement* que chaque fois que l'on comprime un gaz ou une vapeur, au moyen du travail mécanique d'un compresseur, ce gaz dégage outre la chaleur de compression, une certaine *quantité de chaleur latente* due à des *changements d'états moléculaires* du gaz. Ces changements d'état convergent *progressivement* vers la liquéfaction totale de ces vapeurs, où la chaleur latente est additionnée à la chaleur de compression.

En suite de cette *loi démontrée,* j'ai refroidi l'air atmosphérique, après sa compression, jusqu'à — 80°, par le jeu d'une machine frigorifique, laquelle a le double avantage de *dessécher complètement l'air*, et de provoquer la sortie d'une *forte chaleur latente* due à l'air comprimé dans le condenseur refroidi à — 80°. Cette chaleur latente, *enlevée par la machine frigorifique,* représente à cette température pour un volume de 500 mètres cubes d'air une quantité de chaleur égale à 995 calories par heure environ.

Or cette chaleur, enlevée par le travail mécanique de l'air à 20 atmosphères, équivaut à l'apport d'environ *20 litres d'air liquide.*

L'air est ici employé comme un succédané des liquides volatils des machines frigorifiques et opère selon la théorie connue.

En produisant l'*effet adéquat* à 20 litres d'air liquide, le travail du compresseur peut, non seulement réaliser la reconstitution totale de l'air disparu par vaporisation, mais encore compenser les pertes dues à l'apport de chaleur par les parois des appareils, lesquelles ne sont pas adiathermanes.

Dans les appareils Linde, marchant à 30 atmosphères de pression, l'air comprimé qui arrive du compresseur donne l'oxygène *avec la régénération totale de l'air liquide et cela d'une façon continue*.

Nous ne trouvons la réalisation de ce cycle que dans son brevet de 1902, pris trois ans après le mien de 1899.

On peut donc se demander comment il se fait que Claude, qui connaît parfaitement la machine Linde et son procédé appliqué dans les petites installations d'oxygène, dont il a pu étudier les moindres détails chez M. d'Arsonval et ailleurs, puisse se gausser pareillement de mon procédé, qui rabaisse la pression de marche *au-dessous de 20 atmosphères* et la température du condenseur réfrigérant de *l'air à — 80°!!* deux avantages incontestables !

On ne pardonne jamais dans un certain milieu les services que l'on a reçus de ses devanciers.

Ainsi dans ce même sentiment, Claude prétend que ma colonne à plateaux, laissant *retomber du haut en bas* le liquide obtenu par la liquéfaction de l'air dans le serpentin immergé dans les plateaux ne rectifie pas le *liquide mélangé !*

C'est par trop fort ! J'applique rigoureusement les lois connues et établies dans mes brevets de 1880 et il en nie les effets en 1899 !

Claude les applique dans sa rétrogradation *d'une façon dérisoire*, puisqu'il oublie les surfaces d'écoulement constituant les plateaux mouillés décuplant l'affinage des liquides !

Malgré cela il nie, il nie encore.

Je dis dans ce brevet de 1899 que l'on peut obtenir de l'oxygène aussi *pur qu'on le veut en fermant le seul régistre d'en bas !* Il nie quand même !

Pour l'azote *les appareils compound* sont signalés dans la réponse à Linde (Zeitschrift für Comprimirte und flussige Gaze, Berlin, août 1900) comme donnant l'azote de plus en plus pur.

Toutes ces antériorités précèdent de deux et trois ans la prise du brevet 1903 de Claude.

Mon brevet de 1899 a été pris avec la plus grande généralité possible :

Il permet d'obtenir *simultanément* toutes les qualités d'oxygène réclamées par les besoins industriels.

Il permet d'obtenir l'*oxygène aussi pur qu'on le veut.*

Avec les appareils compound on obtient l'azote aussi pur qu'on le désire.

Ce brevet protège ainsi toutes les combinaisons désirables pour revendiquer dans ses grandes lignes la séparation méthodique de l'air en ses éléments.

Nos citations, nos arguments sont et resteront sans réplique possible.

Cela dit, *précisons la seule chose* qui soit *réellement neuve* dans le brevet de 1903 de Claude.

Cette chose nouvelle, ce principe nouveau c'est la réalisation du paradoxe exposé plus haut :

M. Claude a réussi à transformer *l'air gazeux* en deux *liquides hétérogènes*.

La *liquéfaction simultanée* et *sous même pression* des gaz contenus dans l'air permet d'obtenir d'un côté un liquide dont la teneur est de 46 °/₀ d'oxygène et de 54 °/₀ d'azote, et de l'autre côté un liquide titrant 5 à 6 °/₀ d'oxygène et 94 à 95 °/₀ d'azote.

Cette opération est exécutable seulement *si l'on suit exactement des prescriptions très strictes, très obligatoires, concernant les surfaces de condensation de ces liquides, la pression des gaz pendant la liquéfaction, la vitesse d'écoulement dans le circuit parcouru pendant le changement d'état et la perméabilité de ces surfaces pour la chaleur.*

Or dans le brevet de 1903 de Claude tout cela a été complètement *passé sous silence*, il n'y en a pas une ligne, pas un mot !

C'est pour cela que les physiciens ont fortement protesté contre la théorie de ce brevet qui bouleverserait simplement les lois de la physique.

J'ai indiqué le *truc acrobatique* qui permet cependant la réalisation pratique de ce principe du retour en arrière.

Les explications nécessaires, tant pour la construction des appareils que pour leur conduite, étaient les *scules bases pratiques* qui devaient être nettement consignées dans le dit brevet.

Cette grave lacune, volontaire probablement, met en péril un procédé dont l'énonciation, sans commentaires, est un défi aux lois fondamentales de la thermodynamique.

Dans tous les cas ce brevet et cet appareil, utilisant la régénération du liquide évaporé, par l'emploi des dispositions revendiquées en 1899, ne constituent qu'*une addition* au **procédé principal dont le brevet est encore en vigueur.**

Il est également un corollaire des dispositions et des appareils décrits en 1880 dans les brevets de la séparation méthodique des liquides mélangés.

Ces antériorités sont absolument indiscutables et irréfutables.

Maintenant rappelons encore les faits suivants matériellement demontrés :

Lorsque M. G. Claude *a commencé ses travaux sur l'oxygène*, en 1902, il sortait de mon usine d'oxygène de Manchester, qu'il a visitée *en détails* comme jeune étudiant de physique, recommandé spécialement par d'Arsonval ! Il voit tout, théorie et procédé pratique pour la séparation de l'air atmosphérique en ses éléments.

M. G. Claude engage un jeune assistant entré à mon service à fin juin 1902, c'était M. Helbronner, ami aussi de M. Lévy.

M. Helbronner était *étudiant en droit* et voulait apprendre la spécialité de la fabrication de l'oxygène pour devenir directeur commercial plus tard dans cette industrie.

Trois semaines après son entrée chez moi M. Helbronner prend son brevet anglais (juillet 1902) et c'est ce brevet que M. G. Claude achète et qu'il couvre d'éloges.

Inutile d'ajouter que G. Claude connaît parfaitement bien l'origine vraie du brevet Helbronner ! !

Les publications de 1880 et des journaux en 1900 ont rendu public le principe de ces applications que j'ai perfectionnées encore dans mes installations industrielles.

Je suis donc certain, qu'après avoir lu ce qui précède et constaté la parfaite exactitude des faits, M. G. Claude en parcourant son volume de 1909 intitulé : « Oxygène, Air Liquide, Azote », sera *honteux* d'avoir ainsi parlé de celui qui lui a ouvert la voie, tracé le chemin et aidé de ses conseils et avis dans maints entretiens dont il a souvenance !

Raoul PICTET.

Mars 1914.

DEUXIÈME PARTIE

DU ROLE DE L'AZOTE PUR

DANS

L'INDUSTRIE CONTEMPORAINE

CHAPITRE I

Considérations générales

Après avoir exposé dans la première partie de ce mémoire, les procédés essentiels actuels qui permettent d'obtenir en grandes quantités *l'oxygène et l'azote* à tous les degrés de pureté que l'on désire, et à des prix extrêmement bas, il importe de donner à *l'azote* son vrai rôle et de le placer en bonne posture pour indiquer d'une façon précise tous les services qu'il est appelé à rendre dans l'économie sociale considérée dans son ensemble le plus général.

L'azote pur et *bon marché* était un gaz inconnu *l'an dernier*.

L'azote purifié par les moyens connus, toujours coûteux quel que soit le procédé que l'on emploie, valait de 6 à 7 francs le mètre cube.

Dans ces conditions de pureté, il retenait encore de 1 à 1 $\frac{1}{2}$, % d'oxygène, qu'on ne parvenait à éliminer qu'avec un soin minutieux du traitement de purification.

La grande industrie ne pouvait pas songer une minute à se servir de *l'azote chimiquement pur*, son prix exceptionnellement élevé lui barrait l'entrée des usines chimiques.

On a obtenu de l'azote à grand'peine, comme nous l'avons vu par le procédé de rectification, mais même avec son appareil compound, utilisé par v. Linde, d'accord avec mes indications contenues dans les publications d'août 1900 [1], on ne peut donner de l'azote qu'à 97,2 % de pureté. Il reste 2,8 °/₀ d'oxygène.

Avec la *rétrogradation successive* de Claude, il paraît qu'on peut porter un peu plus loin la pureté de l'azote sortant du dernier appareil.

Les conditions du prix correspondant avec ces opérations physiques, où les dimensions des appareils, les vitesses de liquéfaction jouent un rôle prépondérant, sont difficiles à fixer et je ne connais pas d'exemple actuel *où l'azote chimiquement pur* ait fait une *entrée sensationnelle* dans la *métallurgie* et *les synthèses chimiques* de l'ammoniaque par exemple.

Aujourd'hui par l'utilisation des procédés de *dissolution* et de *distillation fractionnée* que j'ai exposés tout au long dans la première partie de ce volume, la question est totalement solutionnée ; *l'azote chimiquement pur* est récolté en masses colossales à raison de *11 mètres cubes d'azote* par *cheval-heure*.

[1] Zeitschrift für comprimirte und flüssige Gase. *Août 1900*.

Comme d'autre part on obtient 3 mètres cubes d'oxygène pur en même temps, on voit que le prix de l'azote est tellement bas qu'on ose songer à l'utiliser en grand dans *toutes les industries sans aucune exception*.

Il est donc de notre devoir d'aborder de face cette question nouvelle : que peut-on faire avec de l'azote chimiquement pur et abondant qui se présente avec la double qualité de la pureté absolue et d'un prix de revient extraordinairement bas?

De même que personne n'avait jamais eu l'idée de se chauffer en brûlant des billets de banque, on pouvait songer cependant à faire du feu ou à utiliser industriellement de grandes quantités de papiers précieux, disqualifiés commercialement, titres de sociétés ruinées. L'azote pur à vil prix, représente ce cas.

Voici donc dans les pages qui suivent une monographie succinte de ce gaz avec ses principales applications.

Cet exposé est bien incomplet, il n'est qu'une entrée en matière, comme le serait une présentation hâtive d'un nouveau venu, destiné à jouer un grand rôle à l'avenir.

CHAPITRE II

L'azote et ses caractères physiques et chimiques essentiels

L'azote, dont le symbole est N' est pour 79 °/₀ le constituant essentiel de l'air atmosphérique.

Ce gaz jouit de propriétés physiques et chimiques très particulières qui le distinguent de tous les autres produits gazeux.

Ce corps simple ne se liquéfie sous la pression atmosphérique qu'à la température de —195°,5 centigrades.

A l'état liquide sa densité est très voisine, mais inférieure à celle de l'eau.

L'azote liquide est *incolore* et très mobile dans les réservoirs qui le contiennent.

On le liquéfie par les mêmes procédés que l'air atmosphérique.

L'azote ne se combine directement qu'avec le *titane* et le *carbone*.

A une température du *rouge cerise*, l'azote se combine avec le *carbure de calcium* pour former de la *cyanamide, engrais chimique*, analogue par ses effets avec les salpêtres.

La plupart des *azotures* métalliques ou organiques *constituent des explosifs formidables*, mais les corps ne se constituent pas directement, ni spontanément.

Le caractéristique le plus saillant de l'azote est justement sa parfaite *indifférence chimique*, notamment avec les métaux usuels. Ni le fer, ni le cuivre, ni le zinc, bronze, aluminium, étain, argent, or, platine ne sont directement susceptibles de se combiner avec l'azote, même chauffés à haute température.

Cette propriété de l'azote s'étend également à presque toutes les substances organiques.

Elles refusent toute combinaison avec ce gaz, cette indifférence est utilisée en pratique dans les emplois de l'azote en métallurgie et dans *la conservation des denrées alimentaires*.

Par contre, en employant des méthodes spéciales, assez complexes, on parvient à forcer l'azote à se combiner avec l'oxygène pour produire des explosifs puissants comme la *fulgurite*, la *nitroglycerine*, etc.

Lorsque l'oxydation est poussée plus loin, on passe à la fabrication de l'acide nitrique synthétique et à tous ses dérivés, représentant la grande famille des *nitrates artificiels*.

Ces nitrates sont des engrais de la plus haute valeur pour l'agriculture.

La combinaison synthétique de l'azote avec l'*hydrogène* donne toute la série des *ammoniaques synthétiques*.

On sait maintenant que l'agriculture de tous les pays attend des *produits azotés* sous forme de nitrates ou d'engrais ammoniacaux, le secours obligatoire pour fournir le développement de la culture intensive réclamée autour des grandes villes tout spécialement.

On voit par ce court résumé sur l'ensemble des propriétés spéciales de l'azote, le *rôle colossal* que l'azote est appelée à jouer dans l'industrie contemporaine.

CHAPITRE III

Comment produit-on « l'azote pur »

A vrai dire nous ne produisons pas l'azote, nous l'extrayons de l'air atmosphérique à l'état chimiquement pur.

Par l'emploi de procédés brevetés en 1899 j'ai obtenu l'azote impur à 93 % de pureté et l'oxygène pur à 99 % par la rectification de l'air liquide, récupéré constamment sous faible pression.

Il est impossible par ces procédés d'obtenir de l'azote chimiquement pur.

En employant des appareils compound on arrive au maximum à recueillir de l'azote à 97,2 % de pureté.

Il reste toujours 2,8 % *d'oxygène* mêlés à l'azote qui sort des appareils et le *prix* des opérations nécessaires pour l'obtention de l'oxygène et de l'azote par ces moyens relativement primitifs a *rendu impossible jusqu'à ce jour* l'entrée du gaz azote dans l'arène des procédés industriels.

Ce n'est que dernièrement que nous avons réussi à fixer les éléments du *nouveau procédé* basé sur la dissolution de l'oxygène gazeux dans *l'azote liquide pur.*

Nous sommes arrivés à offrir à l'industrie simultanément :

3 mètres cubes d'oxygène 98 à 99 % de pureté et
11 mètres cubes *d'azote chimiquement pur* avec la dépense comme force motrice de *1 cheval heure.*

Ce nouveau système entièrement différent de l'ancien par la succession des phénomènes physiques qui en forment la base, donne de *l'azote chimiquement pur* dès la mise en marche normale des appareils.

Ce résultat caractérise absolument la nouveauté du système appelé procédé : *par dissolution* et *distillation fractionnée*, par opposition aux brevets anciens basés sur la *rectification de l'air liquide*.

Grâce à ces nouveaux moyens, très simples, très économiques et pouvant fonctionner nuit et jour, des années consécutivement, *l'oxygène* et surtout *l'azote chimiquement pur*, sont devenus les gaz les meilleur marché de l'industrie.

On peut aisément admettre le prix de l'azote tel que dans une grande usine métallurgique on obtienne 7 mètres cubes d'azote pur pour 1 centime tous frais payés.

On obtient en même temps 2 mètres cubes d'oxygène à 98 °/₀ servant à tous les emplois de ce gaz *classique et inremplaçable*.

L'azote ainsi récolté dans de grands gazomètres est conduit dans tous les locaux des usines métallurgiques et chimiques pour y être utilisé.

Il est aisé naturellement de transporter ce gaz sous n'importe quelle pression exigée par les usages les plus divers.

Il suffit de lancer l'azote par des ventilateurs ou des compresseurs dans les canalisations le conduisant aux chantiers d'emploi et cela à toutes les distances abordables.

Maintenant passons aux différentes utilisations de l'azote et d'abord en *métallurgie*.

Nous allons rapidement passer en revue ces différents chapitres, sans nous allonger, car cette notice est
purement un exposé des emplois immédiats de l'azote,
sans leurs commentaires scientifiques qui feront l'objet
d'une étude spéciale beaucoup plus complète.

CHAPITRE **IV**

Emploi de l'azote en métallurgie

1° *La protection du fer incandescent.*

Toutes les fois que l'on chauffe le fer, même à des températures modérées, on facilite l'oxydation de sa surface au contact de l'air.

Lorsque la température s'élève au rouge vif, l'oxydation est si active que l'on voit des plaques d'oxyde se former à la surface des barres, ou tôles chauffées et le métal devient *noir rougeâtre* et *très rugueux*.

Enfin s'il s'agit de *fer fondu*, on voit souvent le fer brûler en une multitude d'étincelles s'élevant dans toutes les directions autour du creuset.

Pour l'acier fondu cette combustion est encore plus marquée.

Les tubes étirés sont sortis tout rouges des laminoirs et s'oxydent fortement pendant leur refroidissement.

Les pièces fondues en plusieurs fois permettent aux surfaces successives des différents niveaux du métal fondu dans le moule, de s'oxyder et de faciliter ainsi la présence des *failles* au centre des pièces ce qui détruit la solidité.

Voici par conséquent un premier exemple, bien précis et bien important, où l'azote va jouer le rôle de *mur gazeux protecteur*.

On prendra au robinet de la canalisation, conduisant l'azote à la fonderie, une certaine quantité d'azote par un petit tuyau pour l'apporter dans le creuset recevant le *métal fondu*, fer ou acier.

On continue de tenir à l'écart l'air atmosphérique en plaçant au-dessus du creuset un petit couvercle dont la tôle mince laisse passer en-dessous l'extrémité du tube qui apporte l'azote.

L'azote s'échappe très doucement au-dessus de la surface du liquide fondu et empêche totalement l'air atmosphérique de *venir oxyder le métal* qui est ainsi complètement protégé par une couche d'azote gazeux.

Le fer reste *poli et blanc* sans trace d'oxydation pendant le coulage et son moulage.

L'acier et le cuivre sont également entièrement préservés.

De même le *plomb et l'étain* restent du plus beau brillant dans le creuset chaud ne rencontrant nulle part l'oxygène de l'air.

Pour le *fer et l'acier* il convient souvent d'élever la température du métal en fusion pour le rendre *plus liquide*, plus souple et plus apte à bien se mouler dans des recoins délicats des moules compliqués.

En introduisant de l'azote gazeux dans les moules on en chasse l'air atmosphérique ; le métal fondu protégé par la couche d'azote coule dans le moule pendant qu'un faible courant d'azote s'établit autour du métal fondu. Celui-ci tombe *très chaud et complètement protégé* dans l'intérieur du moule où il ne trouve que de *l'azote pur* sans trace d'air ni d'oxygène.

On peut ainsi, sans aucun risque, élever la température du fer ou de l'acier fondus jusqu'à 1600 ou

1700 centigrades sans les voir souffrir par l'oxydation forcée due à l'air extérieur.

Les masses liquides versées en plusieurs fois ne seront plus séparées par des minces couches d'oxyde qui peuvent menacer leur homogénéité et leur solidité réclamée et garantie par les obligations commerciales.

Pendant le refroidissement on maintient le petit courant d'azote et les pièces apparaissent toutes brillantes et propres au démoulage, les moindres détails extrêmement exacts et de belle venue.

Les explosions des moules et les flammes qui en sortent pendant le coulage, sont *radicalement supprimées*.

On sait combien les chocs, dus aux inflammations intérieures des gaz sortant des moules abîment de pièces en déplaçant les portants intérieurs et les noyaux du centre.

Dans plusieurs grands établissements de Birmingham et de Wolverhampton les directeurs nous ont donné des statistiques probantes établies sur plusieurs années de travail.

On estime à 17 °/₀ du nombre total des moules, ceux qui sont détériorés par les *explosions intérieures*.

Ce chiffre certain est éloquent ! L'azote remédie totalement à cette calamité.

Ainsi nous pouvons résumer les avantages considérables que l'azote apporte à sa suite dans les usines des fonderies de fer et d'acier.

L'azote protège tous les *métaux fondus, facilite l'élévation de leur température au-dessus du point de fusion, en réprimant toute oxydation, autorise une parfaite reproduction du moule, supprime les explo-*

sions et les flammes pendant le coulage, et maintient brillantes toutes les surfaces des pièces au sortir du moule.

2° *L'azote dans la purification du fer et de l'acier fondu.*

L'azote va nous servir comme un moyen admirable pour rendre le fer et l'acier fondus *aussi purs* qu'on le désire et *parfaitement homogènes.*

En laissant couler les fontes d'un haut fourneau dans un creuset construit comme un convertisseur, on peut faire passer *sous pression un courant d'azote plus ou moins riche en oxygène.*

On commence par de l'azote à 25 °/₀ d'oxygène et l'on diminue progressivement la teneur en oxygène pour finir par de l'azote pur, lorsque la pureté du métal est arrivée au point voulu.

L'azote remue le métal, mélange toutes les couches froides et chaudes, malaxe la masse entière et la rend parfaitement homogène.

Si on a porté le métal fondu à la qualité de *fer pur*, on peut alors verser dans le convertisseur une *masse d'apport* constituée par du charbon, du nickel, du vanadium, du chrome, etc., etc. et malaxer longuement le métal fondu et chauffé au préalable à une haute température afin de rendre le mélange métallique très intime.

L'azote s'échappe à la surface du liquide fondu sans modifier la composition chimique de *l'acier obtenu* dont la qualité est synthétiquement titrée.

En s'échappant au dehors, l'azote empêche l'air atmosphérique d'aborder la surface du liquide en fusion.

On recouvre le convertisseur d'un léger couvercle, nullement étanche, laissant passer l'azote, mais empêchant la rentrée d'air jusqu'à la surface métal.

Le jeu rationnel des températures et des mélanges, et le soufflage de l'azote, aiguisé d'oxygène à volonté de 0 à 35 %, ouvre une ère nouvelle à l'*obtention de l'acier* avec du fer de première coulée, sortant du haut fourneau sous la forme de fonte.

L'azote joue dans ce travail un rôle impossible à remplacer par aucun autre gaz, mais l'azote *doit pouvoir être obtenu chimiquement pur.*

3° *L'azote au puddlage et à la fabrication des tubes étirés et soudés.*

Il est important de protéger le fer chaud sortant des fours de puddlage contre l'attaque de l'oxygène de l'air.

On introduira les masses chauffées à 1200° degrés environ dans des enveloppes libres parcourues par un courant d'azote pur.

Après l'action du marteau pilon, protégée également par un jet permanent d'azote, on ramène la pièce au four sans qu'elle ait à souffrir de l'oxygène de l'air.

Pour les *tubes soudés* à chaud dans les laminoirs, il est très important de protéger toutes les surfaces au sortir du four contre les oxydations.

Les pellicules d'oxyde empêchent une bonne soudure autogène des lames de fer superposées.

Des couloirs constammment alimentés par des courants d'azote *permettent toutes les opérations mécaniques* sans que l'air puisse intervenir.

Au sortir du laminoir, les tubes encore tout rouges

entrent dans une caisse de fer traversée par l'azote et toujours pleine d'azote pur.

Les tubes sont *brillants* après le refroidissement.

Les dangers d'oxydation des surfaces, *avant les soudures* surtout, sont totalement écartés.

La solidité des tubes s'accroît donc beaucoup par l'emploi de l'azote.

L'apparence extérieure des tubes finis et refroidis est infiniment supérieure.

CHAPITRE V

L'azote et l'extinction des flammes et des commencements d'incendie

Avec un jet d'azote dans un feu, au début d'un incendie, on éteint immédiatement les flammes.

L'action est instantanée.

Si un commencement d'incendie se déclare dans un atelier de menuiserie, dans un dépôt de charbon, d'essences, etc., etc., une canalisation d'azote protège rapidement les bâtiments avoisinants, car l'azote peut être apporté en très larges quantités presque sans perte de temps.

Cet emploi peut aller prendre place jusque dans les maisons d'habitation entourant l'usine métallurgique, surtout dans les locaux où l'on entasse les provisions de matières facilement combustibles.

CHAPITRE VI

L'azote dans la conservation des denrées alimentaires

Si dans une chambre maintenue aux températures ordinaires des saisons, on place sur des tables, dans des armoires, ou suspendus, des produis alimentaires divers, tels que viande, beurre, lait, œufs, légumes, fruits, etc., etc., il est possible de les conserver à l'*état frais* assez longtemps par le simple fait de remplacer l'air de la chambre par de l'*azote pur*.

Le plus grand nombre des produits alimentaires se décomposent sous l'action de l'oxygène de l'air.

En substituant à l'air atmosphérique, l'azote pur, amené par une canalisation, il suffira de laisser s'échapper d'une façon permanente un petit courant d'azote pour empêcher l'air de rentrer, le courant gazeux s'effectuant toujours dans ce cas, *du dedans au dehors*.

L'azote pur peut être introduit seulement dans une armoire ou un buffet contenant les produits à conserver.

Il faut cependant convenir que l'azote ne produit pas un effet comparable absolument à l'action d'une *salle froide*.

Une foule de substances se détruisent par suite du développement de champignons, de parasites, de microbes et de végétations microscopiques, qui vivent et même se reproduisent dans une atmosphère d'azote.

Malgré cela, le beurre, la viande et les légumes résistent très longtemps à la décomposition fatale.

Si l'on introduit l'azote dans une salle toute entière servant de dépôt de substances alimentaires, il est bien nécessaire de l'aérer fortement avant d'entrer, afin que les personnes qui y pénètrent puissent y respirer facilement, l'azote n'ayant *ni odeur*, ni action caractéristique sur *l'organe respiratoire*.

Cette précaution est *indispensable*.

Dans les usines, les maisons ouvrières, comme celles des maîtres, peuvent trouver dans l'azote un moyen très commode et excellent pour protéger les aliments contre une trop rapide décomposition et cela presque sans frais.

CHAPITRE VII

L'azote et les engrais synthétiques

Pour la *cyanamide*, les *nitrates*, les *produits ammoniacaux*, l'azote pur est *indispensable*.

Pour la *cyanamide* en particulier, on doit faire passer l'azote aussi pur qu'on peut l'obtenir, sur des morceaux de carbure de calcium portés au rouge.

L'azote traverse par cémentation la surface du carbite et le transforme intégralement en cyanamide.

Il est nécessaire que cette opération *soit totale*, car toute partie de carbite non transformée dégagera dans le sol du gaz *acétylène* au contact de l'eau.

Ce gaz acétylène est un poison violent pour toutes les plantes, sans exception.

La cyanamide deviendrait dans ce cas plus nuisible qu'utile, puisqu'elle fera périr la récolte au lieu de l'améliorer et de l'enrichir.

L'obtention de l'azote chimiquement pur peut seule amener une fabrication parfaite de la cyanamide.

Pour la préparation actuelle de l'*acide nitrique* par l'arc électrique on se sert de l'azote pris dans l'air atmosphérique, tel quel.

Maintenant il est certain que l'on utilisera l'azote et l'oxygène dans leur mélange le plus rationnel pour donner le maximum d'effet utile aux synthèses de ces deux gaz.

Pour la production des *sels ammoniacaux*, il est évident que l'hydrogène et l'azote purs sont réclamés pour constituer le mélange d'un tiers d'azote et de deux tiers d'hydrogène.

Ces gaz à l'état de pureté seront les éléments essentiels de cette fabrication qui commence.

Les meilleurs engrais connus à ce jour, sont avec le fumier de ferme, relativement excellent, mais pas assez abondant, le guano, plus actif encore, mais de haut prix, et les gisements de salpêtres naturels du Chili.

Tous ces engrais enrichissent le sol arable et labouré d'*azote*.

On peut dire que chaque kilogramme d'azote introduit dans le sol se transforme en une récolte dont le poids d'azote total *décuple* le poids apporté par les engrais, car les plantes vigoureuses, très vivaces par leurs racines, vont chercher outre l'azote de l'engrais apporté, l'azote fixé par les microbes du sol, qui dévorent l'azote comme leur aliment naturel.

Cet azote se forme d'autant plus facilement que ces microbes sont plus voraces. Les engrais ont donc une double mission, ils apportent de l'azote directement, cet azote d'apport fait prospérer les *microbes azotophages* et la plante vigoureuse mange et absorbe cette somme d'azote qui se trouve à portée de ses racines.

Il résulte de cette succession de phénomènes que l'*azote pur* devient le facteur principal de toute la série d'opérations, ayant pour effet de progérer les cultures et d'assurer l'alimentation abondantes des populations surtout celles des grandes villes. Le bas prix de la nourriture est une condition *de bonheur sur terre !*

Chapitre VIII

Conclusions

L'*azote pur* à bas prix est un gaz qui fait son entrée dans l'industrie.

Les applications de l'azote pur en métallurgie, et tout spécialement pour la protection du fer et de l'acier chauffés, et pour la fabrication de l'acier avec de la fonte de première coulée, *rend ce gaz inappréciable et non remplaçable*.

L'application de l'*azote pur* dans les produits synthétiques représentés par tous les engrais chimiques, assure à ce gaz un développement dans l'avenir qu'on ne saurait limiter.

L'usine de Walsall créée par la Société anglaise O. H. N.[1] Gases Limited, va donner à l'industrie 160 mètres cubes d'oxygène pur et 600 mètres cubes d'*azote chimiquement pur*, pour la réalisation totale de ce programme expérimentalement et commercialement démontrée.

Mars 1914.

Raoul PICTET.

[1] O. H N. Gases, veut dire en anglais: *Oxygène*, *Hydrogène*, *Azote*, à l'état gazeux.

TROISIÈME PARTIE

DU ROLE CAPITAL

DE

L'AZOTE CHIMIQUEMENT PUR

DANS LA CONQUÊTE DE L'AIR

Après avoir exposé succinctement les divers emplois de l'azote dans l'industrie contemporaine et pour les usages domestiques, nous aborderons ici un sujet des plus graves et complètement nouveau : c'est l'emploi obligatoire de l'azote dans la réalisation du problème infiniment captivant et actuel de la conquête de l'air.

Pour marquer dès l'abord le rôle essentiel qu'il est appelé à jouer en aérostation, nous formulerons l'aphorisme suivant :

« De même qu'il est impossible de construire une
« machine à coudre sans employer une aiguille dont
« le trou est plus près de la pointe que du gros bout,
« de même il est impossible dans l'état actuel de la
« science de concevoir une solution pratique de la
« conquête de l'air sans l'emploi du gaz azote ! »

13

Cette affirmation étant *rigoureusement exacte*, nous croyons de notre devoir de ne pas en rester là, mais de donner les explications et les développements suffisants à cette question qui a aujourd'hui le rare privilège de charmer et de préoccuper tous les esprits et cependant alarme les familles d'où sortent les héros de l'air, héros risquant leur vie le sourire aux lèvres, dans leur dévouement et leur enthousiasme pour tout ce qui a trait à la défense de la patrie !

Un double devoir s'impose donc ici à nous : apporter à l'édifice du progrès social une pierre d'angle et apaiser les légitimes inquiétudes de tous les parents et des citoyens regardant avec angoisse, leurs fils, leurs frères ou leurs amis s'élançant dans les airs !

Or l'azote gazeux fournit une *solution complète* aux *conditions fondamentales* de la conquête de l'air ; il permet d'exécuter un appareil dont le fonctionnement, basé sur des phénomènes *tous connus*, et non discutables, peuvent se chiffrer avec toute exactitude dans l'état actuel des choses de l'aéronautique.

Cela dit, essayons d'exposer d'une façon méthodique tout ce qui concerne ce gros chapitre des recherches de l'homme voulant se servir de l'air amosphérique comme voie normale de communication.

Chapitre I

Historique succinct de l'état actuel
de la conquête de l'air

Suivons dans ce travail critique une méthode rigoureuse en établissant exactement les points fondamentaux du problème posé.

Depuis l'immortelle audace d'Icare, chantée par les poètes, une longue série d'inventeurs ont payé de leur vie leur témérité.

Cette époque, partant de la vieille Grèce a fourni ses nombreux martyrs jusqu'aux frères Montgolfier qui firent à Annonay la mémorable première ascension réussie.

On peut dire que l'aérostation a été créée par cette performance, illustrée à l'époque par les faïenciers du monde entier !

Les ascensions du commencement du XIX⁰ siècle, ont été pour la plupart l'occasion de réjouissances publiques et n'avaient guère de but scientifique. Gay-Lussac fit le premier une ascension des plus réussies dans l'intention d'enrichir la science de faits nouveaux, récoltés dans les hautes régions de l'air atmosphérique.

Son exemple fut suivi, mais les ballons gonflés à l'origine par *l'air chaud*, puis par le gaz d'éclairage, plus tard par l'hydrogène pur, montaient dans l'air

comme les esclaves *du vent* et sans pouvoir en aucune
façon régler leur marche. C'est tout juste si en jetant
du lest, puis en lâchant du gaz ils pouvaient dans des
limites très restreintes monter et descendre.

Après trois ou quatre manœuvres de ce genre le
lest était épuisé et le ballon si dégonflé que l'atterrissage s'imposait.

C'est je crois Tisserand de Bort, mort tout dernièrement, qui le premier établit une hélice sur la nacelle
d'un ballon sphérique pour donner une certaine vitesse
propre au ballon et essayer, oh bien timidement, de le
diriger vers un point connu du sol !

A partir de 1860 on fit des essais en modifiant progressivement la forme du ballon. On leur donne l'apparence d'un cigare !

Mais que d'accidents dus au transport du gaz à l'une
des extrémités du ballon, lorsque celui-ci perdait un
peu de sa stabilité horizontale !

La pointe supérieure de l'aéronat se gonflait et
l'équilibre, devenu impossible, tout dans la nacelle se
culbutait, amenant souvent une castastrophe par la
rupture du filet et de l'enveloppe !

Les tentatives cependant se succédaient et chaque
année on apprit de nouveaux essais, et aussi de nouvelles chutes !

Les accidents provenaient presque toujours de trois
causes :

1° Manque de stabilité, rupture des enveloppes,
chutes irrémédiables.

2° Explosions des ballons, par le feu, soit au départ,
soit au dégonflement, soit dans les airs.

3° Catastrophes à l'atterrissage. Ces dernières alors

étaient les plus fréquentes. Plusieurs centaines sont enregistrées en 30 années, de 1860 à 1890 !

L'apparition simultanée de procédés pour fabriquer l'hydrogène pur et des moteurs à benzine ont ouvert une voie nouvelle à l'aérostation.

J'ai eu personnellement le rare bonheur de voir le commandant Renard et Santos Dumont, réaliser les premiers *parcours, voulus, prévus* et rentrer au bercail sans accident.

A ce moment l'aérostation prit son grand essor en tous pays !

Mais quelle *hécatombe !*

Dans cette seconde période, très animée et bien cruelle, c'est le *feu* qui fit le plus de victimes, ainsi que les atterrissages, car la multiplicité des ascensions provoquait la multiplicité des accidents !

Mais rien n'arrêta la marche du progrès ! L'apparition des aéroplanes, plus lourds que l'air, n'a fait qu'exciter encore davantage le courage et l'audace des aérostiers !

La France et l'Allemagne ont été en tête de ce mouvement.

Les ballons de Renard, Santos Dumont, Clément-Bayard, Lebaudy, etc., etc., ceux de Gross, Zeppelin en Allemagne prenaient leur vol audacieux et on pouvait lire dans les journaux de mémorables randonnées de Paris à Bruxelles, Londres, de Berlin-Vienne-Ludwigshafen et retour ! Il semblait que la conquête de l'air était un fait accompli par les aéroplanes d'un côté et par les dirigeables de l'autre !

Il n'y avait plus d'obstacles, on acclamait à son de cloches et de canons les vainqueurs de l'air. C'était un

vaste triomphe, sanctionné par des souscriptions natio-
nales et des apothéoses à n'en plus finir....

Tout cela s'est passablement éteint et on a déchanté.

Les catastrophes ont succédé aux pires désastres,
des ballons dirigeables éclatent et brûlent les hommes
du bord, les hangars eux-mêmes sont souvent la proie
des flammes.

D'autres ballons éclatent dans les airs sans que l'on
ait jamais su la cause de l'explosion.

En France, en Allemagne les deuils se suivent.

En particulier en octobre 1913 deux ballons Zeppelin sont anéantis, l'un à Helgoland, dans la mer, suite
d'une chute effroyable !

Le 17 octobre, par temps splendide 29 officiers et
passagers, tous gens de marque, périssent, brûlés vifs
au départ de Johannisthal !

Les larmes, le crêpe sont dans les familles !

Non, non, la conquête de l'air n'est pas réalisée !

Voyons donc ce qu'il faut faire, dans quelle direction nous devons travailler à la chercher.

CHAPITRE II

Les conditions fondamentales exigées
pour la solution de la conquête de l'air

Ce qui frappe dans l'étude de l'historique des tentatives faites jusqu'à ce jour pour asservir l'air et l'utiliser comme voie de communication entre les pays et les hommes, c'est le *décousu* des recherches, des expériences, des programmes.

Chaque inventeur va de lui-même tâcher de résoudre une petite partie du problème ; l'un travaille la forme du ballon, l'autre la construction des enveloppes, un troisième s'occupe des moteurs, un suivant cherche l'altitude ou la vitesse, mais *aucun programme méthodique n'apparaît*. Les efforts considérables ne sont pas réglés, codifiés ; ils gardent et conservent jalousement leur indépendance et s'étiolent dans le dédale du détail, sans aucune vue d'ensemble.

Aujourd'hui, après tant de sinistres et de catastrophes sanglantes, nous avons comme premier devoir celui de fixer *les conditions inéluctables*, sans lesquelles une solution du problème de la conquête de l'air n'est qu'un leurre, une cause de malheurs certains !

Les nombreuses expériences sont là ; à nous de les analyser, d'en déterminer les phases, les raisons et les causes efficientes, à nous de dégager un programme logique dont nous ne nous *départirons plus*.

Si une seule des conditions obligatoires n'est pas remplie, il serait **criminel** de laisser risquer leur vie à de braves gens, non avertis et qui courraient à la mort avec une superbe vaillance sans connaître les accidents qui les guettent et que nous connaissons.

Nous avons l'*obligation impérieuse* de mettre de l'ordre dans ce domaine si important, et de tout prévoir dans les limites où les connaissances actuelles permettent le calcul et les affirmations.

C'est en suivant cette marche systématique et par une discussion serrée de toutes les nombreuses conditions du problème posé, que nous sommes arrivés à formuler *huit conditions absolument inéluctables, fondamentales*, obligatoires pour tout appareil quelconque destiné à réunir les hommes entre eux par la voie aérienne.

Nous allons donner d'abord *ces huit conditions* dans leur rédaction sommaire, puis nous les reprendrons l'une après l'autre pour les discuter, formuler leur raison d'être, rendre évidente leur importance et nous en servir comme contrôle ensuite, lorsque nous envisagerons le *rôle de l'azote* dans l'appareil proposé.

Voici donc ces huit conditions fondamentales ;

1° L'appareil à construire doit pouvoir porter dans les airs un *poids assez grand de matières, d'objets divers, de passagers.*

2° L'appareil doit toujours *pouvoir s'élever verticalement* au-dessus de la place d'où il quitte le sol au départ.

3° L'appareil dès qu'il quitte le sol, et cela à tous moments, quelle que soit sa vitesse, la hauteur à laquelle il se trouve, la force du vent, malgré le dépla-

cement des passagers ou des marchandises transpor-
tées, *l'appareil doit conserver une parfaite stabilité
automatique.*

4° L'appareil doit être protégé pendant tout son
voyage aérien et dans son hangar *contre tout danger
d'incendie ou d'explosion.*

5° La vitesse absolue réalisable par l'appareil doit
être très supérieure aux *vents forts* connus dans la
contrée.

6° L'appareil doit pouvoir *tenir sa route* à toutes les
hauteurs et pour cela se servir de la vue du *soleil* ou
des *astres, de la vue du sol à volonté,* sans *perdre
dans ces manœuvres ni gaz, ni lest.*

7° A *l'atterrissage,* l'appareil doit descendre *verticalement* sur la place désignée, quel que *soit le vent*
et sans le secours d'aucune *aide étrangère,* uniquement *par les moyens du bord.*

8° Pour assurer une solution réelle, effective du
problème de la conquête de l'air, il faut que l'appareil à construire, à diriger, à utiliser, ne soit pas une
source de dépenses telles que le propriétaire soit conduit à la faillite ! Il faut au contraire que la mise en
pratique de l'invention *soit lucrative et en puisse garantir le développement et la durée.*

Telles sont les huit conditions fondamentales qui
s'imposent à tout système destiné à rendre praticable
la voie des airs pour les échanges entre les humains.

Avant de décrire l'appareil nouveau, sa théorie et
son fonctionnement, il faut donner quelques développements nécessaires aux huit conditions que nous
venons d'exposer seulement en texte précis et sans
commentaires.

Chapitre III

Discussion des huit conditions fondamentales

Nous allons prendre par ordre chacune des huit conditions en les développant et les motivant.

1° La conquête de l'air n'existe que si *des rapports suivis et quotidiens* permettent aux habitants, spécialement des villes, de correspondre avec les autres centres habités.

Il est aussi nécessaire que les objets de valeur, et progressivement les aliments, puissent être transportés économiquement et vite d'un lieu dans un autre.

En dehors de cette condition, la solution cherchée resterait loin d'être satisfaisante, elle ne serait qu'une simple ébauche, sans portée, sans effet sur la civilisation actuelle.

Supposons, par exemple, que les chemins de fer ne se composent comme exploitation, que de trains dont la locomotive ne serait capable de transporter que le mécanicien et cinq à six cents kilos de marchandises ! ! quelle dérision !

Les besoins généraux, sont des plus exigeants; ils sont légion, ils sont aigus, ils augmentent constamment et s'adressent à toutes les directions de l'activité et de l'alimentation humaines.

Une solution réelle de la navigation aérienne comporte forcément le transport de *grands poids*, de *nombreux passagers*, de *millions de lettres*, de *marchandises de valeur* et au besoin de *pain* et *d'aliments variés !*

Hors de là rien de sérieux comme solution pratique et effective.

On en resterait aux tâtonnements !

2° Lorsqu'un appareil est placé sur le sol, tout spécialement dans le voisinage de centres habités, grandes villes, usines, il est bien rare que le terrain qui l'environne soit exempt d'arbres, de maisons, de collines, etc., etc.

L'horizon est masqué par l'innombrable quantité de corps de toutes natures déposés ou construits sur l'espace qui entoure le hangar de l'appareil !

Entre les montagnes qui représentent le maximum d'obstacle et un petit arbre, un poteau télégraphique, une maisonnette qui sont le minimum, tout corps ayant une certaine hauteur peut devenir la cause d'un accident si l'appareil qui va prendre son vol ne part pas *par la verticale.*

En effet au dessus de la tête, dans la direction du Zénith, il n'y a pas d'obstacle !

Cette direction est sûre, elle est donc la seule à prendre au moment du départ.

Cette condition non respectée a été la cause d'une foule de catastrophes.

3° Dès que l'appareil a quitté le sol, il se trouve par principe même suspendu dans l'air *par la loi d'Archimède.* Il déplace une quantité d'air égale en poids à celui de l'appareil. Comme il est par ce fait extrèmement mobile, il est obligatoire que son centre de gravité soit exactement au dessous de son centre de pression.

Chaque mouvement d'un passager sur l'appareil, et le déplacement du moindre ballot de marchandise, modifie donc l'équilibre de ce corps flottant.

Il est absolument nécessaire qu'un appareil spécial *compensateur et automatique*, avant tout de précision et d'autorité, rétablisse instantanément l'équilibre troublé, et cela si vite que la marche de l'appareil volant n'en soit *nullement modifiée*.

L'équilibre doit être *permanent* et si admirablement compensé que toutes les causes perturbatrices doivent rester des *causes faibles* de déplacement, par rapport aux *forces compensatrices* qu'actionne l'appareil de redressement automatique.

L'appareil de stabilisation doit régler non seulement la *position horizontale* du croiseur aérien, mais aussi sa hauteur absolue dans l'air.

Ici il convient de fixer d'une façon logique la *hauteur maximale* que l'on doit pouvoir atteindre avec n'importe quel appareil volant, hauteur qu'il est possible d'abandonner pour redescendre vers le sol ou de retrouver à volonté sans *perdre ni gaz, ni lest*, et sans affaiblir ainsi la puissance effective du croiseur.

Cette hauteur est fixée d'une façon encore un peu arbitraire à *3,000 mètres*.

Nous verrons plus loin les motifs intervenant dans cette estimation. Ils seront décrits et analysés lorsque nous parlerons de la condition 6, traitant de la *route à tenir*.

La hauteur de 3,000 mètres doit pouvoir être portée à 5,000 mètres dans certains cas, rares du reste.

4° Lorsque le croiseur aérien est en marche, et cela

à partir du sol qu'il quitte verticalement, il doit *être à l'abri de tout danger d'explosion et d'incendie.*

Hélas, que cette condition est nécessaire ! Que de vies perdues, que de martyrs brûlés vifs, laissant veuves et orphelins ! Que de belles natures ravies à leurs familles avant l'âge et si prématurément !

Le palmarès ici est largement doublé de noir.

Les annales de l'aérostation sont pleines d'annonces de deuil et de biographies de jeunes hommes.

Quelles sont les causes ordinaires des explosions et des incendies ?

Elles sont multiples. Dès le hangar l'accident du feu peut se présenter par des fuites de benzine ; le liquide prend feu et une seule flammèche léchant l'enveloppe du ballon peut provoquer l'explosion de celui-ci.

Une fois sorti de sa prison sain et sauf, le dirigeable s'élève et les moteurs fonctionnent.

Chaque instant peut signaler une flamme de vapeur de benzine ; suite de coups ratés ou de fuites aux canalisations dans la proximité des cylindres des moteurs. Autant de causes d'incendies se propageant *au dessous du ballon*, dans la partie la plus dangereuse du croiseur.

Enfin les ballonnets pleins d'air, actuellement employés pour permettre des ascensions sans perte d'hydrogène, sont une cause terrible d'explosion.

L'air de ces ballonnets étant expulsé au dehors et malheureusement tout juste dans le voisinage immédiat de la nacelle, apporte dans la proximité des étincelles des moteurs un gaz explosif, résultat obligatoire du mélange progressif d'hydrogène et d'air.

L'enveloppe du ballon et des ballonnets se laisse

traverser par endosmose par les gaz qu'ils touchent ; l'hydrogène à raison de 20 à 25 litres par mètre carré et par jour, se mélange à l'air des ballonnets *relativement petits*.

La proportion du mélange en hydrogène, dépasse vite le maximum compatible avec l'immunité et l'on court alors à la *formidable explosion* détruisant tout, comme un coup de canon.

C'est cette cause qui a fréquemment frappé à mort des équipages entiers et notamment les 29 officiers qui étaient le 17 octobre 1913 sur le *Zeppelin marin*.

Cette cause d'explosion est la pire de toutes, *car on ne peut en aucune façon l'éviter actuellement*.

Les enveloppes des ballons peuvent être fabriquées avec les meilleures étoffes, les plus solides, les plus imperméables, au bout de quelques heures le mélange commence, et si le ballon doit s'élever à une certaine hauteur et s'y maintenir, le volume de l'air des ballonnets est de plus en plus petit. Cette quantité d'air est enserrée dans un ballonnet *presque vide* et aplati à l'intérieur du grand ballon d'hydrogène, qui lui, s'est agrandi de tout le volume de l'air expulsé.

Alors les moindres quantités d'hydrogène traversant la surface des ballonnets intérieurs portent la teneur de l'hydrogène dans l'air qui s'y trouve encore à une valeur dépassant 5 % et l'explosion est comme une épée de Damoclès au dessus de la tête de tout l'équipage.

Voilà le grand danger, danger si réel, si imminent que tous les techniciens en **ont peur**.

Ce danger croît sans arrêt avec la durée du voyage aérien.

Avec les Zeppelins, ce danger est accru, car il y a deux enceintes différentes où ce mélange du gaz détonnant peut s'effectuer : les ballonnets d'air intérieurs, et l'enveloppe générale, recouvrant tous les ballons d'hydrogène par une couverture rigide et affectant la forme d'un cylindre extérieur.

Entre les ballons d'hydrogène et cette enveloppe, l'air atmosphérique, qui s'y trouve, se souille constamment par l'hydrogène qui traverse sans répit par endosmose et transforme l'air en gaz explosif.

Nous voyons donc que l'air enfermé, contaminé par l'hydrogène représente la poudre facile à enflammer.

Aux causes de feu déjà mentionnées, ajoutons encore une cause peu connue, celle des étincelles spontanées dues à l'électricité atmosphérique.

Il ne faut se faire sur ce sujet aucune illusion. Tout ballon, surtout de grandes dimensions, peut voir jaillir partout sur son enveloppe des étincelles parfaitement susceptibles d'allumer le gaz tonnant.

M. le Prof. Henri Dufour, de Lausanne, qui a fait une série d'études expérimentales sur l'électricité atmosphérique a démontré que par temps chaud et un peu orageux, on constate souvent des différences de potentiel de 18,000 à 20,000 volts pour une différence de 1 mètre seulement d'altitude !

Ces constatations sont une leçon bien importante et sérieuse, car pour un ballon de 20 à 30 mètres de hauteur du bas de la nacelle au haut du ballon, des étincelles de *600,000 volts* peuvent se produire automatiquement entre des fils verticaux métalliques et les parois extérieures du ballon.

Si la pluie intervient, toutes les cordes, fils quelconques, et la matière même de l'enveloppe, peuvent provoquer les étincelles homicides !

Ce danger est tel, si grave, si certain, que la suppression des explosions et des incendies s'impose absolument pour une solution normale de la conquête de l'air !

C'est même une des conditions les plus essentielles. Nous l'avons placée et étudiée à sa place logique dans l'examen qui nous occupe.

5° Il est évident que le principal obstacle à la conquête de l'air provient de ce qu'on ne peut régler sa route que si *l'on domine le vent*, par une vitesse propre du dirigeable *dépassant cette vitesse gênante de l'atmosphère ambiante.*

Tant que le vent l'emporte de vitesse sur celle du croiseur aérien, le ballon ne peut suivre sa route que si la direction du vent est favorable, ou si son obliquité peut être combattue par une vitesse moindre, mais sous un angle utile.

Il faut donc ici faire appel aux statistiques établies par les météorologistes *en tous pays.*

Or il ressort d'une foule considérable de tableaux, des faits très intéressants pour la conduite des ballons.

Nous allons les résumer :

Les vents dépassant 22 mètres par seconde sont rares dans la plaine, plus fréquents dans les régions de 2,000 à 3,000 mètres.

Les vents dépassant *25 mètres par seconde* ne se rencontrent en moyenne que *8 à 10 jours par an* dans la plaine ; de *20 à 25 jours* dans les régions dépassant *2,000 et 3,000 mètres de hauteur !*

Les vents dépassant 30 mètres par seconde sont

extrêmement rares dans la plaine, 1 ou 2 jours par an et toujours localisés.

On a remarqué que la largeur des courants à vitesse dépassant 20 mètres par seconde diminue tandis que la vitesse augmente.

Les courants d'air terrifiants ont un parcours qui ressemble à un cylindre de faible diamètre. Ils sont peu larges et n'ont pas de hauteur; ils ne sont point généraux, établis sur une contrée tout entière, ce sont *des vents locaux*. (Voir étude des grands orages).

Ce sont les vents au dessous de *17 mètres* par seconde qui traversent les régions les plus larges sur le sol.

En outre, dans les vents un peu énergiques, on trouve presque toujours deux ou trois couches d'air suivant des directions et des vitesses différentes dans des hauteurs atmosphériques comprises entre le sol et 3,000 mètres.

Ces constatations permettent donc de penser qu'une vitesse de 25 mètres et *au-dessus* permet à un croiseur aérien de répondre avantageusement à la question concernant la possibilité pratique de tenir la route d'un point à un autre sur le globe.

6° Non seulement le pilote du navire aérien doit dominer le vent, mais encore il doit connaître exactement *son orientation et l'avance qu'il conserve* par rapport au sol.

Le capitaine du bord doit donc faire le *point* comme on le fait sur mer.

Il lui faut voir le soleil, la lune, ou les étoiles. Avec son chronomètre et la vue du ciel de jour ou de nuit,

14

il obtient aujourd'hui sa position à 100 mètres près exacte.

C'est donc s'il pleut, s'il grêle une nécessité pour le dirigeable de monter dans les hautes régions ou chaque jour ou chaque nuit, *plusieurs fois*, on est sûr de voir découverte une partie du ciel.

Si les circonstances ne lui sont pas favorables dans les hautes régions dont il ne connait pas les vitesses absolues de l'air où il se trouve, il attendra le jour et avec prudence se rapprochera du sol.

A 200 et 300 mètres, il peut déjà voir le sol suffisamment pour régler sa vitesse et la déterminer par des procédés rigoureux et faciles, même par mauvais temps.

Ces ascensions et ces descentes entre 3000 mètres et le sol, deviennent ici nécessaires pour fixer sa route et la durée de son voyage.

Le bord doit posséder tous les appareils de mesure nécessaire à ces travaux de réduction et des cartes en suffisance.

7° Il est évident qu'à l'atterrissage, pour les mêmes raisons qu'au départ, la descente doit s'effectuer perpendiculairement au sol.

Nous n'avons pas besoin d'insister. Le ballon se mettra pointe au vent au-dessus du terrain voulu, puis ralentissant les moteurs jusqu'à ce qu'ils soient exactement équilibrés pour neutraliser la vitesse du vent, le pilote actionnera les hélices horizontales qui le feront descendre sur l'emplacement désigné sans le secours d'aucune aide et avec une puissance bien supérieure à celle de soldats, ou de paysans appelés en hâte au hasard des rencontres. Il est évident que ces manœuvres d'atterrissage doivent être très scrupuleusement codifiées et précises. Le matériel doit être construit *ad hoc* avec toute les ressources de l'art.

En somme, cette condition *est essentielle,* car elle répond à des besoins urgents au moment, où pour une raison quelconque et dans une contrée, souvent déserte, l'atterrissage s'impose.

Une fois à terre, le ballon doit y être solidement fixé par des instruments combinés et très puissants, avant l'arrêt des moteurs qui remplacent au début de ces manœuvres les aides extérieures dont on s'est toujours servi jusqu'à aujourd'hui.

8° Que deviendrait la conquête de l'air si les promoteurs, ayant un appareil réalisant toutes les conditions décrites, faisaient *forcément faillite ;* si les dépenses, soit pour la construction de l'appareil, soit pour l'actionner dans les airs, dépassaient les revenus possibles, tant par les recettes faites pour le transport des passagers que par les subventions pour le transport des correspondances des lettres et des marchandises de valeur ?

Evidemment l'invention *serait mort-née,* elle n'aurait pas de lendemain, quelque belle fût-elle comme réussite technique.

Il est nécessaire, obligatoire que l'invention soit susceptible de rapporter des bénéfices, et même de gros et importants bénéfices qui incitent les hommes d'action à risquer des capitaux pour la réalisation d'un problème aussi grandiose.

Mais, hélas, aujourd'hui la beauté d'une entreprise, l'idéal de sa réalisation sont des attraits sans charme pour les hommes de bourse en tous pays.

La sécurité à peu près certaine de gros bénéfices à réaliser, est seule capable de permettre aux promoteurs de l'œuvre de réunir le capital nécessaire à la construction et au lancement du croiseur aérien.

Telles sont donc à notre avis les huit conditions fondamentales que toute solution du problème de la conquête de l'air doit remplir, et cela d'une façon reconnue parfaite par les autorités compétentes appelées à donner leur avis dans cette matière.

Nous allons exposer maintenant une solution répondant absolument à ce programme et où l'on verra l'azote gazeux, chimiquement pur jouer le *rôle prépondérant* dont nous avons parlé précédemment.

CHAPITRE IV

Exposé d'une solution normale de la conquête de l'air

Préliminaires

L'étude qui précède nous permet déjà de fixer un grand nombre de points essentiels qui doivent caractériser quelle sera la *nature* de l'appareil réalisant ce grand problème.

Comme chacune des huit conditions est absolument inéluctable et que, *non respectée*, elle disqualifie définitivement une invention proposée, invention qui ne serait alors que boiteuse, il faut avant de bâtir, avant d'exposer la *nouvelle combinaison* qui supporte l'examen, démolir les projets nés incomplets, les propositions impossibles ou folles, les rêves utopiques.

Après avoir ainsi fauché devant nous toutes les combinaisons insuffisantes, sans base, sans avenir, nous verrons ce qui restera debout,

C'est sur ce terrain, dégarni, mais solide, que nous construirons le *véritable croiseur des airs*, résistant à la critique et permettant sans utopie, de distinguer la forme et les éléments essentiels du *nouvel appareil*.

Aéroplanes ou ballon dirigeable

L'ensemble de nos *huit conditions*, nous permet de trancher immédiatement la question qui se pose :

Devons nous chercher la *solution normale* dans le

plus *lourd que l'air*, dans les *aéroplanes*, ou bien de-
nons nous chercher cette solution dans *le plus léger que
l'air*, dans les ballons dirigeables munis de moteurs?

Ici la réponse est *formelle*.

Dans l'état actuel des *aéroplanes*, on constate que
malgré cinq années de *travaux assidus* et fortement
subventionnés dans presque tous les pays, les aéroplanes présentent les caractéristiques suivants :

1° Ils ne peuvent porter que des poids de 500 à
1,800 kilogrammes relativement insignifiants par rapport aux conditions du problème.

On pourra peut-être aller plus loin et atteindre
4,000 à 5,000 kilogrammes, mais nous tombons dans
le domaine des suppositions, de l'espoir, du possible…

Tout cela c'est un avenir brumeux et fortement
teinté de noir.

2° La *stabilité des aéroplanes* est *à l'étude*, et nullement réalisée.

Cette condition est encore aujourd'hui *si peu respectée* qu'on peut donner comme définition d'un aéroplane, celle-ci qui n'est point celle d'un humoriste.

*Aéroplane. Appareil permettant à un homme, jeune
encore, de se suicider avec tous les honneurs religieux,
militaires et mondains.*

La liste des morts est ici plus éloquente que tous les
discours.

3° Les *départs* et les *atterrissages* des aéroplanes
sont obliques avec vitesse et n'obéissent par conséquent
pas à la condition 2, ni à la condition 7.

On ne saurait prédire que jamais l'aéroplane puisse
respecter ces deux conditions plus que la troisième,
celle de la parfaite stabilité.

Donc, à *l'heure actuelle* on doit renoncer à accepter les aéroplanes comme une *solution normale* de la conquête de l'air.

L'aéroplane reste une *solution incomplète* et tout à fait insuffisante, *ne remplissant pas le programme établi.*

Cette conclusion sera acceptée par tout esprit averti.

Etat actuel des ballons dirigeables

Ayant complètement abandonné les aéroplanes, et pour bons motifs, tournons-nous du côté des dirigeables, et voyons leur bilan technique.

Voici leurs caractéristiques :

1° Ils peuvent être construits grands, très grands, et ils présentent dans les variations de leurs dimensions une histoire comparable à celle des grands steemers.

Les navires de 5000 tonnes étaient rares en 1850.

Depuis lors ils ont grandi : Les transatlantiques ont successivement pris les dimensions de 10,000 tonnes avec 5,000 à 6,000 chevaux-vapeur.

En 1890, on construit les grands transports anglais et allemands de 16,000 tonnes, puis en 1900 ceux de 25,000 tonnes avec 45,000 et 50,000 chevaux !

Enfin en 1910, on lance des bâtiments de 45,000 tonnes et 75,000 chevaux vapeur de puissance.

On a constaté simultanément :

a) Que la rentabilité des vaisseaux augmente avec *leur capacité* et leur *tonnage utile.*

b) Que la *vitesse augmente* et passe de 16 nœuds en

1870 à 19 nœuds en 1880, 20 nœuds en 1890, 22 nœuds en 1900 et 23 nœuds en 1910.

c) Que le prix du charbon consommé par tonne de marchandise et par passager *diminue* malgré l'augmentation de vitesse et de tonnage.

d) Que les grands bâtiments tiennent mieux la mer et sont de beaucoup préférés par les passagers.

Voilà pour les bateaux.

Pour les dirigeables, l'histoire est encore plus frappante et plus riche d'instruction.

En 1896, Santos Dumont double la tour Eiffel avec un tout petit ballon de 500 à 600 mètres cubes.

En 1897, le commandant Renard construit un dirigeable de 2,000 à 3,000 mètres cubes.

De 1897 à 1910, on construit des ballons français, allemands, américains, anglais passant par bonds prodigieux de 5,000 à 10,000, à 15,000, et enfin un Zeppelin de 27,000 mètres cubes.

On constate en même temps que la vitesse de quelques mètres par seconde au début a passé progressivement et toujours en fonction de la dimension de 6 à 7 mètres par seconde à 22 mètres, atteint par le Zeppelin de 27,000 mètres cubes.

Ces modifications dans les volumes et les vitesses obtenues sont absolument *naturelles* et étaient prévues depuis longtemps par tous les théoriciens.

En effet, les puissances des machines augmentent comme les poids et même plus vite que les poids des moteurs.

Les résistances dans l'air augmentent relativement moins que les dimensions.

Les poids et la puissance d'un ballon augmentent

comme *le cube* des dimensions, tandis que les surfaces n'augmentent que *comme les carrés de ces mêmes dimensions*.

Si l'on donne au ballon dirigeable la forme d'un très long cigare, la vitesse peut même s'accroître encore davantage. La résistance tombe au sixième de ce qu'elle serait si la surface du maître-couple était présentée au vent comme une surface plane perpendiculaire à la direction du ballon.

Ces chiffres sont éloquents !

Avec une force totale de *sept cents chevaux*, le dernier ballon Zeppelin a franchi plus de 500 kilomètres avec une vitesse moyenne de 22 mètres par seconde.

Cette vitesse est significative.

Le ballon jaugeant 27,000 mètres cubes, soit le même volume à peu près que le déplacement d'un *grand cuirassé moderne*.

Toutes les appréhensions, quant au poids, aux difficultés de la construction en aluminium de la carcasse, du squelette de ce croiseur aérien ont été exagérées.

La construction plus facile, la résistance plus grande et la vitesse maximale ont été obtenues à ce jour, par le plus grand dirigeable.

La vitesse des ballons de 15,000 mètres cubes avec 450 chevaux, même système Zeppelin, n'avait été que de 10 mètres à la seconde, 12 à 13 mètres dans les meilleures conditions.

Avec *700 chevaux* pour *27,000 mètres cubes*, c'est à dire avec un accroissement de puissance de 56 % pour une augmentation de volume de 80 %, la vitesse est presque doublée et rivalise avec la vitesse moyenne des aéroplanes.

Le *poids utile* des ballons de *moyenne grandeur*, du système Zeppelin, était *ridiculement faible*, si insuffisant que le rayon d'action du ballon sans escale ne dépassait pas 200 à 300 kilomètres.

Avec la dimension supérieure, il y avait déjà un poids disponible utile de *6 tonnes* et le rayon d'action a atteint 1000 kilomètres environ.

Certes il faut reconnaître qu'en comparant ces performances avec celle des aéroplanes, la différence des résultats est grande.

Les dirigeables Zeppelin ne répondent nullement aux *huit conditions* imposées, mais ils satisfont à plusieurs d'entre elles que les aéroplanes n'ont pas encore essayé d'aborder.

Le *poids soulevé utile* devient égal à 6,000 kilos !

La *stabilité est grande*, pas encore parfaite.

La *vitesse est égale à celle des grands vents moyens*.

La *solidité* paraît rassurante.

Les *moteurs s'assagissent* et donnent moins de pannes.

La *route est bien tenue*, mais à hauteur trop faible.

Tels sont les *progrès réels* réalisés par les ballons Zeppelin,

Par contre :

Les dangers d'incendie et d'explosion sont pires que jamais, et se sont accrus, si possible, par la disposition des nacelles juste au-dessous des ballons d'hydrogène et au voisinage de la sortie de l'air des ballonnets, cause certaine de l'explosion qui a provoqué la catastrophe du 17 octobre 1913, à Johannisthal.

L'atterrisage est très difficile, dangereux et exige un bataillon de soldats bien stylés.

Le mélange continu de l'hydrogène avec l'air atmosphérique, tant dans les ballonnets compensateurs que dans l'espace compris entre les ballons d'hydrogène et l'enveloppe extérieure, oblige à une *intervention officielle pour interdire de circuler*, tellement le danger est affolant pour tous ceux qui sont *responsables* de la vie de *l'équipage !*

Conclusions premières

De cette étude comparative et très simple entre les aéroplanes et les dirigeables se dégage déjà une première certitude : La *solution normale* et correcte de la *navigation aérienne* n'est à chercher qu'avec le plus léger que l'air dans l'état actuel des connaissances humaines.

Voici maintenant une deuxième conclusion non moins précise :

Une solution normale de la conquête de l'air ne peut se trouver que dans la direction suivante :

1° Emploi de *l'hydrogène pur* comme *gaz léger*, gonflant le *ballon actif*, dont l'effet spécifique est le soulèvement *de la charge* à déplacer de contrée à contrée par la voie des airs.

2° Emploi des plus *gros ballons* que l'on peut construire *avec sécurité*, dans *l'état actuel de la métallurgie et de la mécanique.*

3° Emploi de *dispositions spéciales et nouvelles* pour *garantir* d'une façon absolue les ballons d'hydrogène contre *tout danger d'incendie et d'explosion.*

4° Emploi de dispositions mécaniques spéciales pour

assurer les *départs* et les *atterrissages verticaux* du croiseur aérien.

5° Emploi d'appareils *spéciaux à créer*, pour *maintenir la stabilité automatique*, constante et instantanée quel que soit le déplacement des passagers et des marchandises dans la nacelle du dirigeable.

6° Créer un système spécial pour reconnaître la route, quel que soit l'état de l'atmosphère.

Connaître sa position, faire le point, connaître sa vitesse relative à l'air ambiant, et la *vitesse réelle* par rapport au sol.

Avec ces améliorations nouvelles et les progrès réalisés dans ces diverses directions, on voit que les *huit conditions inéluctables peuvent être réalisées.* Ce sera la *base rationnelle et pratique de la conquête de l'air.*

Chapitre V

La solution pratique. Le ballon de la paix

Les longs préambules qui précèdent étaient nécessaires pour nous permettre d'exposer la **seule, l'unique solution** *que la science permette de concevoir dans l'état actuel de nos connaissances humaines.*

En effet nous avons peur de l'utopie, d'un rêve, inspiré par une ambition très légitime, mais qui même pour un ballon, nous ferait quitter terre et accepter comme exacts des résultats encore hypothétiques.

Restons fermement sur des *faits acquis, mesurables.* N'utilisons que des *données expérimentales, rigoureusement* contrôlées et pouvant servir de base à des calculs précis comme on en fait tous les jours pour le calcul des ponts, des navires, des machines, etc.

Nous allons donc rester fidèle à cette méthode et nous nous interdisons toute incursion dans le domaine des hypothèses ou des théories douteuses.

Nous commencerons donc par dégager des *constantes* ou *paramètres numériques*, qui serviront de bases à tous les calculs du dirigeable.

Ces bases ont un *caractère impératif* par la nature même du problème et toute solution ultérieure, quelle qu'elle soit, devra les respecter.

Ainsi, par exemple, nous allons examiner selon les documents connus par les expériences faites avec les divers systèmes de ballons dirigeables, quelle doit être la *dimension minimum du ballon normal*, représentant *la plus petite unité*, répondant aux *huit conditions inéluctables*.

Ce point fixé, tous les détails de construction en découleront naturellement, par le calcul direct.

Nous avons fixé la base numérique résultant de la discussion des résultats connus à ce jour et *déterminant* le volume, la longueur, la forme, la puissance, la vitesse, etc., etc., du croiseur aérien à construire.

Il est bien utile d'ajouter que dans ce travail dont un *nouveau projet de dirigeable* est la conséquence, nous sommes les *continuateurs reconnaissants* de nos devanciers.

C'est la pléiade des Montgolfier, des Santos Dumont, des Renard, des Clément-Bayard, des Lebaudy, des Gross, des Zeppelin, etc., etc., qui ont fourni les *éléments numériques du problème*.

N'oublions pas, dans ce siècle de haute lutte commerciale pour les intérêts purement matériels, la gratitude et l'admiration que nous devons garder au cœur pour les pionniers courageux, ouvrant la route, risquant leur vie, souvent martyrs obscurs de cette vaste course aux flambeaux pour le progrès et la civilisation !

Le volume minimum de l'hydrogène

Comme c'est l'*hydrogène* qui est le gaz le plus léger, c'est à lui que nous aurons recours naturellement et non au gaz d'éclairage.

Le mètre cube d'hydrogène pèse *90 grammes*.

Le mètre cube d'air pèse 1 kilo 293 grammes.

Donc chaque mètre cube d'hydrogène dans le ballon soulève un poids de :

1 kilo 293 moins 0 kilo 090 = 1 kilo 203 grammes.

Pour pouvoir en toute conscience affirmer que nous avons dans le dirigeable à construire *une solution normale maximum* de la conquête de l'air, nous pensons que le *poids utile* à transporter dans les airs doit représenter *50 tonnes*, poids global des passagers, des lettres, des marchandises de valeur, de la nourriture, et aussi des officiers et employés du bord.

Ce chiffre est une estimation *arbitraire*, dictée uniquement par une cote mal taillée entre des chiffres dérisoires de dimension, ou ridicules de petitesse.

Avec 50 tonnes, on peut porter d'un lieu dans un autre et à grande distance :

300 passagers payants ; 10 tonnes de lettres et correspondances. Tout le personnel et des provisions, en benzine et nourriture pour effectuer un voyage de 1500 kilomètres, sans escale.

Nous ne donnons ces chiffres que pour étayer notre estimation personnelle sur la dimension du premier croiseur aérien.

En plus de ces 50 tonnes d'effort utile, le ballon doit porter tout le poids du matériel et des machines. Ce poids mort s'ajoutant au poids utile nous arrivons après longs calculs contrôlés au chiffre de *100,000 mètres cubes* pour le volume de l'hydrogène à loger dans le dirigeable.

Un ballon de 500 mètres cubes porte le poids mort du ballon et juste un homme avec quelques appareils.

Un ballon de 5,000 mètres cubes a une puissance

utile de *cinq cents kilogrammes* (en plus de son poids du lest et des machines, réduites au minimum ; son rayon d'action sans escale est de 300 à 350 kilomètres.

Un ballon de 15,000 mètres cubes porte déjà 2,000 kilogrammes et augmente son rayon d'action jusqu'à 600 kilomètres sans escale.

Un ballon de 27,000 mètres cubes porte 9 tonnes utiles avec un rayon d'action de 1000 kilomètres.

En faisant les calculs des résistances du matériel servant à la construction du ballon et en comparant son poids ainsi établi au volume de l'hydrogène gonflant le dirigeable, nous pouvons affirmer que selon les résultats officiels des ballons Zeppelin, un croiseur gonflé par *100,000 mètres cubes d'hydrogène* portera un poids utile de 50 tonnes à utiliser comme on le voudra.

Le rayon d'action de ce ballon sera de 1500 kilomètres sans escale.

Il nous est impossible de donner le relevé de ces calculs dans cette courte notice, mais la publication d'un mémoire complet sur la question est en cours d'impression.

Non seulement la puissance utile a augmenté avec les volumes d'hydrogène, mais les vitesses également.

La *vitesse certaine* d'un ballon possédant *une capacité de 100,000 mètres cubes d'hydrogène* sera de *30 à 32 mètres par seconde*.

Voilà donc deux points fixés, comme base de la construction d'un dirigeable remplissant par principe les huit conditions fondamentales ; il doit s'élever dans les airs *porté par 100,000 mètres cubes d'hydrogène*.

Les dispositions spéciales du nouveau dirigeable

Ainsi que nous l'avons dit, tous les dirigeables actuels possèdent à l'intérieur du ou des ballons pleins d'hydrogène un ballonnet plein d'air atmosphérique.

Cette air compris dans le ballon s'échappe au dehors lorsque le ballon s'élève ; en sortant du ballonnet l'air fait place à la dilatation obligatoire de l'hydrogène.

La pression atmosphérique diminuant selon la loi bien connue, le ballonnet se vide partiellement et l'on peut ainsi monter sans perdre du gaz.

Veut-on descendre on ramène l'air dans le ballonnet et on laisse échapper un peu d'hydrogène.

La descente commence.

Au bas de la descente on jette un peu de lest et l'équilibre est ramené.

En somme le ballonnet permet de monter et de descendre en perdant un minimum du gaz et du lest à *chaque opération*.

L'apparition de ces ballonnets dans les dirigeables a été le signal d'un grand progrès, car de ce fait la durée des voyages aériens a plus que triplé.

Or les Zeppelin ont des ballonnets et en plus la grande enveloppe générale recouvrant les nombreux ballons d'hydrogène, placés les uns à côté des autres dans le vaste cylindre polyédrique rigide qui les contient tous.

Le nouveau dirigeable procède directement du Zeppelin, seulement il présente une différence fondamentale que voici :

Remplaçons le polyèdre rigide, servant de squelette

15

et de support à l'enveloppe générale, par un *plan métallique* très rigide construit avec des parois à jour, comme les ponts de chemins de fer.

On se servira de feuilles de *bronze d'aluminium*, dont la résistance est éprouvée et le poids minime car la densité du métal est voisine de 3,2.

Ce plan de 230 à 250 mètres de longueur dépasse d'environ 40 à 80 mètres la longueur des Zeppelin dernier modèle, mais les *calculs absolument certains*, permettent d'en préciser exactement les résistances en tous sens.

Nous fixons sur le plan une série de ballons parallèles indépendants, constitués par des parois étanches, placées dans un vaste cylindre courant sur les trois quarts de ce vaste plan.

Cette forme est celle d'un long cigare qui serait coupé en une foule de tranches parallèles indépendantes les unes des autres et perpendiculaires à l'axe du cigare. Chacune de ces tranches constitue un ballon élémentaire d'hydrogène pur.

Le plan résistant est la base rigide, donnant corps à cette succession de ballons, semblables comme fonction aux ballons du modèle Zeppelin.

A l'avant et à l'arrière de ce cylindre principal se trouvent des ballons de même construction, mais munis à l'intérieur *d'une paroi mobile*, pouvant s'appliquer tantôt sur une des faces du ballon, tantôt sur l'autre, selon l'action des gaz qui pénètrent ou s'échappent par l'un ou l'autre côté.

Cette paroi mobile est fixée étanche sur un plan coupant verticalement le ballon en deux parties égales.

Si le gaz hydrogène entre d'un côté, l'air atmosphérique remplissant l'autre chambre, comme dans les ballonnets des Zeppelin est obligé de sortir.

Ainsi l'hydrogène occupant tous les ballonnets du centre que nous appellerons A A A pénétrera par de larges ouvertures sur une des faces de ces ballonnets B B B placés à l'avant et aussi dans les ballonnets identiques B′ B′ B′ placés à l'arrière, lorsqu'il aura été décidé d'augmenter l'altitude du dirigeable.

Tout le volume d'hydrogène qui provient du changement de pression atmosphérique traversera les ouvertures des ballonnets B B B et B′ B′ B′ et forcera un volume égal d'air à sortir.

C'est textuellement ce qui se passe actuellement sur les Zeppelin.

Or voici la *modification radicale* au système Zeppelin qui se *trouve dans le système Boerner, nom de l'inventeur.*

Les ballons A A A étant pleins d'hydrogène et occupant tout le plan rigide, correspondent avec une des faces des ballons B B B et B′ B′ B′ qui sont pleins *d'azote chimiquement pur* et non pas d'air atmosphétique comme dans les Zeppelin.

Voilà la différence *essentielle, radicale.*

Outre cette différence, nous plaçons une troisième série de ballonnets C C C et C′ C′ C′ à l'avant et l'arrière ayant même construction que les ballonnets B B B et B′ B′ B′.

Ces derniers ballonnets, de même capacité et de même nombre que les ballonnets B B B et B′ B′ B′, sont aussi à parois mobiles et ils sont pleins d'air *atmosphérique au départ.*

Ainsi, si l'azote des ballonnets B B B et B′ B′ B′ est obligé de sortir pendant l'ascension du ballon, l'azote qui s'en échappe entre dans les ballonnets C C C et C′ C′ C′ et en déloge l'air atmosphérique qui s'échappe au dehors par des soupapes de sûreté.

Le *ballon Boerner* est par conséquent un système à *trois chambres* et à *trois gaz*. *L'hydrogène* au centre, *l'azote autour et à côté*, enveloppant de toutes parts chaque surface de ballon contenant de l'hydrogène, et *l'air atmosphérique* entourant de partout l'azote.

En effet, ajoutons de suite ce complément à notre description : Le nouveau dirigeable jette sur tous les ballonnets A A A, B B B et B′ C C C et C′ une enveloppe résistante qui les recouvre tous de partout.

Cette enveloppe est tendue sous une pression constante de 200 millim. d'eau environ et constitue le grand réservoir *d'azote chimiquement pur* qui sert, comme on le comprend, de *mur chimique* protecteur, contre tout *danger d'incendie et d'explosion.*

Pour bien faire saisir cette disposition, on peut comparer sur tous les points un Zeppelin à un dirigeable Boerner *avec une seule addition.*

Lorsqu'un Zeppelin s'élève dans les airs, il force l'hydrogène *à écraser* le ballonnet plein d'air qui est au centre et l'air s'échappe.

Remplaçons l'air par l'azote pur, ce gaz sortirait et se perdrait dans l'atmosphère.

Pour éviter cette perte, faisons entrer l'azote dans un second ballon, plein d'azote, avec, au centre, un grand ballonnet qui en occupe presque tout le volume.

Ce ballonnet intérieur serait plein d'air et serait

identique à celui existant aujourd'hui dans les ballons d'hydrogène.

L'azote appuyant sur l'air ferait sortir ce gaz au fur et à mesure de l'élévation du dirigeable comme cela se passe dans le Zeppelin.

L'enveloppe des Zeppelin au lieu d'être une couverture sur de l'air serait une couverture sur de *l'azote pur*.

En somme, si *l'azote se perdait dans l'atmosphère*, il serait impossible de monter ou de descendre en conservant ce gaz comme un *mur chimique* indispensable à la sécurité des voyageurs.

Avec le système à trois chambres, on garde précieusement l'azote et on n'en perd point.

La construction de ce système à trois chambres peut revêtir une foule de dispositions réalisant parfaitement le procédé décrit. Nous nous bornons ici à l'exposé théorique sans insister sur les détails.

Les propriétés de l'azote pur

Il est tout indiqué de préciser les avantages les plus précieux de *l'azote* dans cette nouvelle disposition qui transforme radicalement la valeur de l'aérostation.

L'azote s'obtient chimiquement pur à raison de 11 mètres cubes d'azote par cheval-heure.

Les développements donnés dans la première partie de cet ouvrage nous dispensent complètement d'allonger ce sujet.

L'azote est donc de tous les gaz le *meilleur marché*. Cette condition est éminemment favorable.

L'azote a une densité *très voisine de celle de l'air*, un peu plus faible voilà tout.

En somme la provision d'azote ne constitue *aucune charge* pour le dirigeable.

Le poids du mètre cube d'azote est égal à 1 kilo 251 grammes, tandis que l'air pèse 1 kilo 293 grammes.

Donc 25 mètres cubes d'azote ont un pouvoir de soulèvement dans l'air égal à 1 kilogramme.

L'azote éteint instantanément toutes les flammes.

Un mélange d'hydrogène pur avec de l'azote ne *brûle pas* jusqu'à 50 °/₀ d'hydrogène et 50 °/₀ d'azote, c'est donc un *mélange innocent* ; même lorsque la proportion d'hydrogène dépasse 50 °/₀. jamais ce mélange ne *fait explosion*.

L'azote n'attaque nullement les étoffes avec lesquelles sont faites les enveloppes des ballons.

L'azote respecte tous les métaux.

L'azote est sans odeur.

L'azote est sans couleur et ne contamine en aucune façon les aliments ou les ballons.

Il est donc le gaz *idéal* pour protéger l'hydrogène contre les inflammations accidentelles.

Une couche de 5 centimètres est largement suffisante pour supprimer toute action dangereuse d'une étincelle électrique ou d'une flamme.

Si un trou ou une déchirure était produite, même par un coup de foudre, l'azote sortant d'abord et *avant l'hydrogène* rendrait l'inflammation du gaz impossible.

Grâce à ses merveilleuses propriétés physiques et chimiques, l'azote est *unique*, c'est le seul gaz à employer pour réaliser pratiquement la troisième des conditions fondamentales : l'immunité certaine contre les dangers d'incendie et d'explosion.

Ce fait est absolument *nouveau* et *capital* dans les annales de l'aéronautique.

L'utilisation des trois chambres est obligatoire aussi pour l'emploi effectif de l'azote.

Il résulte de cela que l'invention nouvelle de M. Boerner, auteur du projet, réside dans la superposition de deux conditions simultanées :

1° Emploi du gaz azote comme *mur chimique* enveloppant de toutes parts les ballonnets pleins d'hydrogène.

2° Emploi simultané avec l'azote d'un système de dirigeable à *3 chambres*, l'une pleine d'*hydrogène*, la seconde *pleine d'azote*, la troisième pleine d'air *atmosphérique*.

La chambre d'azote se prolonge partout, sur tous les ballons contenant de l'hydrogène à quelque hauteur qu'il monte et se maintienne.

C'est à la *pression artificielle*, maintenue dans la chambre d'azote, qu'est due la rigidité des parois du ballon, glissant dans l'atmosphère sans pli et sans claquer sous l'action du courant d'air.

C'est au *plan métallique* qu'est due la rigidité de tout le système et l'unité du dirigeable.

C'est à *l'azote* qu'est due la sécurité contre tout danger d'incendie.

Discussion générale de l'influence de l'azote dans son emploi à bord des dirigeables

Etant donnée l'apparition de l'azote dans la construction et le fonctionnement des dirigeables, étudions les conséquences si remarquables de l'emploi de ce gaz, inconnu à l'état de pureté, avant les nouveaux procédés décrits en tête de cet ouvrage.

Volume de l'azote

Nous avons été conduits à admettre qu'un vrai ballon dirigeable doit avoir au minimum une capacité en hydrogène pur de 100,000 mètres cubes.

Nous savons que ce ballon doit monter à 3,000 mètres pour tenir sa course et même un peu plus dans certains cas rares.

A 3,000 mètres et dans les régions voisines, les gaz augmentent leur volume d'environ 30 % du volume occupé au niveau de la mer.

Pour un ballon emportant 100,000 mètres cubes, nous savons donc que ces 100,000 mètres cubes deviennent 130,000 mètres cubes dans les régions *limites acceptées d'avance*.

Il faut donc obligatoirement*que les ballonnets pleins d'air atmosphérique* C C C C′ C′ C′ *au départ* contiennent au minimum 30,000 mètres cubes d'air.

Pour pouvoir chasser ces 30,000 mètres cubes d'air, lorsque les hautes régions sont atteintes par le croiseur, le volume des ballonnets B B B et B′ B′ B′ doit mesurer au maximum 30,000 mètres cubes et être pleins d'azote gazeux pur.

Enfin, tous les ballons A A A sont pleins d'hydrogène et mesurent un volume contenu de 100,000 mètres cubes.

Ces conclusions numériques s'imposent à *n'importe quel système de ballon* réalisant la puissance d'effort de soulèvement de 50 tonnes, et en même temps pouvant s'élever à 3,000 mètres d'altitude, redescendre et recommencer *sans perdre ni lest, ni gaz.*

Comparons donc au point culminant de l'ascension le *ballon Zeppelin*, avec le *croiseur Boerner ;* une *très importante conclusion* se dégagera de suite du rapprochement opportun de ces deux dirigeables.

Un ballon Zeppelin, de quelque dimension qu'il soit, arrivant à *3,000 mètres d'altitude sans perdre ni lest, ni gaz*, présentera les conditions suivantes :

1° Son volume d'hydrogène au départ se sera accru de 30 °/₀ nécessairement.

2° Son *ballonnet intérieur* doit contenir au minimum les 30 °/₀ du volume de l'hydrogène du départ.

3° Le *volume compris* entre les ballons d'hydrogène et la couverture générale rigide n'a pas changé, on s'est contenté de laisser sortir l'air en excès pendant l'ascension par les soupapes de sûreté.

Or, au sommet de l'ascension le ballon de Zeppelin est composé *uniquement de deux chambres* au lieu de trois au départ.

La *première* est constituée par tous les ballons d'hydrogène.

La *seconde* est composée par l'espace compris entre les ballons d'hydrogène et la couverture générale rigide.

La *troisième*, composée du volume du ballonnet d'air, *a disparu* physiquement, puisqu'au sommet de l'ascension ce *ballon est totalement vidé*.

Le poids du Zeppelin est donc réglé par des facteurs immuables qui sont intangibles et définis par *l'effort de soulèvement utile* et l'*altitude maximale réglementaire !*

Ce poids se divise dans ses éléments principaux comme ceci :

1° Poids de l'ossature en bronze d'aluminium *rigide*, soutenant la couverture tendue autour de tous les ballons d'hydrogène, poids de la couverture, des amarres et accessoires.

2° Poids des enveloppes des ballons d'hydrogène et poids du gaz.

3° Poids des enveloppes des ballonnets d'air contenus dans les ballons d'hydrogène, avec accessoires.

Ainsi, lorsqu'un ballon Zeppelin devra emporter un poids réglementé par les obligations 1 des conditions nécessaires, son poids sera défini exactement par les trois facteurs que nous venons d'indiquer.

Aucun échappatoire ne saurait être employé *pour réduire*, ni la dimension, le volume, la solidité, ni le poids, la qualité de tous les éléments concourant à la construction et aux manœuvres du dirigeable.

Or si maintenant nous prenons le *ballon Boerner* à *trois chambres* aussi et que nous le portions au maximum de l'altitude obligatoire, nous trouvons ceci :

1° Le volume de l'hydrogène 100,000 mètres cubes a atteint 130,000 mètres cubes.

2° Tous les ballonnets B B B et B′ B′ B′ ont chassé les 30,000 mètres cubes d'azote qu'ils avaient au départ dans les ballons C C C, C′ C′ C′ pleins d'air avant l'ascension.

3° Tous les ballonnets pleins d'air C C C et C′ C′ C′ *se sont vidés d'air* et la paroi, repoussée de l'autre côté, a permis à l'azote venant des ballonnets B B B et B′ B′ B′ d'occuper ces ballonnets au lieu et place de l'air.

4° L'espace occupé par l'azote entre les ballons d'hydrogène et la couverture générale est resté identique, l'azote qui l'occupait l'occupe encore et a donné 30 °/₀ de son volume dilaté pendant l'ascension aux ballons C C C, C′ C′ C′ qui sont appelés à les recevoir.

Ainsi, lorsque les deux ballons considérés, celui du système Zeppelin et celui de Boerner sont au sommet de leur course dans les airs, ils arrivent par nécessité *par un même effet utile, à avoir les mêmes dimensions et les mêmes poids quant aux ballons hydrogène.*

Tous deux, ils ont le même volume d'hydrogène, tous deux, ils doivent permettre à cet hydrogène de sortir pendant l'élévation, *sans se perdre.* Alors on conserve cet hydrogène dans une *autre chambre.*

L'air sort à l'extérieur, *dans les deux ballons* en évacuant les ballonnets de recours et ces ballonnets se trouvent totalement vidés d'air à la fin du mouvement vertical.

Il n'y a *qu'une seule différence* entre les deux systèmes. Elle est obligatoire :

A la fin de l'ascension le Zeppelin a des ballons

d'hydrogène qui sont en contact par toutes leurs surfaces extérieures avec l'air atmosphérique chargé de 21 °/₀ d'oxygène, tandis que les ballons d'hydrogène de Boerner ne sont en contact sur toutes leurs surfaces qu'*avec de l'azote*.

Cette condition, imposée d'une façon absolue, augmente le volume total du Boerner de 30 °/₀ du volume total au départ.

C'est l'immunité contre l'incendie et l'explosion qui se paye par cette augmentation de volume.

Les conditions générales du ballon ne sont point troublées de ce fait.

Comme le ballon Boerner possède sa rigidité par l'emploi d'un plan ajouré, et que les ballonnets A A A, B B B, etc., etc., sont tendus par une pression intérieure constante, le poids total des deux systèmes reste très sensiblement le même malgré la différence de volume due à la présence de l'azote.

La couverture et son armature dans les Zeppelin est plus lourde que celles des Boerner, ainsi que le calcul le démontre.

La forme du Boerner est aussi bien plus avantageuse pour le logement des gaz ; les cellules l'emportant de beaucoup par leurs formes, sur des ballons sphériques cachés dans un cylindre polyédrique.

. C'est par ces considérations que nous pouvons affirmer qu'un ballon répondant aux huit conditions fondamentales, puise dans les expériences réalisées par les dirigeables Zeppelin, des assurances de succès parfaitement légitimes.

La rigidité a fait ses preuves, et l'effort utile a dépassé avec les Zeppelin tout ce qui a été fait à ce jour avec n'importe quel système de dirigeable. Donc, l'exagération du poids ou des dimensions du Boerner donnent lieu à des critiques non fondées.

Le volume de l'azote nécessaire pour répondre absolument aux mesures de sécurité indispensables aux voyages aériens, correspond donc, dans les conditions exigées au 30 ou 35 $^{0}/_{0}$ du volume de l'hydrogène emporté au départ par le croiseur.

Ce volume est directement proportionnel aux exigeances des hauteurs maximales des ascensions reconnues comme nécessaires.

La stabilité automatique

Nous allons exposer maintenant l'emploi très remarquable de *l'azote pur* dans l'établissement à bord du croiseur aérien pour la stabilité automatique parfaite.

Nous rappellerons d'abord que les ballons A A A et B B, B' et C' s'établissent d'une façon rigide sur un long plan solide bordé de murs métalliques ajourés et donnant à cette arrête centrale la forme d'un double T.

C'est la disposition donnant le maximum de résistance pour le minimum de poids.

Calculé pour un ballon, dont le volume total en hydrogène et azote doit être occupé uniquement par ces deux gaz à l'altitude de 3,000 mètres, ce pont résistant doit avoir de 230 à 250 mètres de longueur.

On peut donc loger contre ce pont et dans le sens de la longueur des tubes de grands diamètres en toile étanche, munis de ventilateurs à l'intérieur, qui peuvent y susciter de puissants déplacements de gaz.

Réunissons par ces tubes les ballons B et B' placés les uns à *l'avant* et les autres à *l'arrière* du croiseur.

Nous réunirons toujours ces ballons *par deux tubes au moins*. Chaque tube correspond d'un côté avec la capacité hydrogène des ballons B et de l'autre avec la capacité hydrogène de B'.

L'autre tube réunira la capacité *azote de B* avec la capacité azote de B'.

Ces deux tubes, placés parallèlement, peuvent à eux seuls, s'ils sont de diamètre suffisant, porter de grandes masses de gaz de l'avant à l'arrière du pont rigide ou réciproquement de l'arrière à l'avant.

Si nous plaçons vers le centre du ballon et dans l'intérieur de ces tubes de fort diamètre, deux ventilateurs marchant en sens inverse et de même vitesse, nous voyons qu'au moindre mouvement de ces ventilateurs dans un sens ou dans une autre, nous enverrons de l'arrière à l'avant de l'hydrogène puisé dans les ballons B' dans les ballons B, tandis que l'autre tube puisera l'azote dans les ballons B et le refoulera dans les B' de l'arrière.

Le volume de l'hydrogène chassé dans les ballonnets B de l'avant, compensera exactement le volume de l'azote puisé dans les mêmes ballons B et refoulé à l'arrière dans les ballons B' qui se vident de leur hydrogène.

Ces deux déplacements de gaz seront *solidaires* et *concomitants ;* la rapidité du mouvement est liée à la puissance des moteurs actionnant les deux ventilateurs jumeaux.

Quel sera le résultat de ce transport de gaz de l'arrière à l'avant et réciproquement ?

Il aura pour effet de faire naître un *puissant couple de redressement* de l'axe du ballon dans un sens ou dans l'autre.

Chaque mètre cube d'hydrogène porté à l'avant équivaut à une force ascensionnelle de 1 kilo 200 grammes, appuyant sur l'avant de l'axe du ballon dirigeable.

Chaque mètre cube d'azote remplaçant un mètre cube d'hydrogène à l'arrière représente la même force dirigée de haut en bas.

Donc, par le déplacement simultané d'un mètre cube d'hydrogène de *l'arrière* à *l'avant* et d'un mètre cube d'azote de *l'avant* à *l'arrière* nous produisons un *double couple* dont les éléments dynamiques sont les suivants :

Position initiale. 1 mètre cube hydrogène arrière, 1 mètre cube *azote avant* nous donnent le couple réprésenté par :

$$\text{Avant} + 1^k,200 \times \frac{230^m}{2} + \left(-1^k,200 \times \frac{230^m}{2}\right) = 2^k,4 \times 115^m .$$

La valeur du couple nous donne *276* unités, agissant pour relever *l'avant* et *abaisser l'arrière*.

Ce moment correspond au déplacement de 1 mètre cube d'hydrogène et de 1 mètre cube d'azote.

Or dans des tubes de 1 mètre de diamètre en toile et avec des ventilateurs ordinaires on peut aisément donner une vitesse de 8 à 10 mètres par seconde aux gaz contenus dans les tuyaux.

Pour *une seconde de travail simultané* des deux ventilateurs, il est donc possible de déterminer un couple dans un sens ou dans l'autre à volonté dont le moment sera de = *2760 unités.*

Admettons que *20 personnes* marchent ensemble comme des soldats sur le pont avec une vitesse de 1 mètre par seconde, elles développent un couple vers le centre du pont dont le moment *en unités* est donnée par

$$20 \text{ personnes} \times 70^k = 1400^k \times 1^m = 1400 \text{ unités.}$$

Si l'on considère les différentes places où peuvent se trouver les 20 personnes par rapport au centre de gravité général, on voit que les couples du gaz et les couples des promeneurs doivent s'équivaloir *dans le même temps* et en sens inverse. La stabilité sera parfaite si cette condition précise est satisfaisante.

Donc en faisant passer à l'avant *un demi mètre d'hydrogène* par seconde et un *demi mètre d'azote à l'arrière* pendant la promenade vers l'avant, on conservera l'horizontalité à l'axe du dirigeable, et lorsque les promeneurs reviendront vers l'arrière on renversera le mouvement du gaz.

En portant au maximum la vitesse des ventilateurs, on peut provoquer en une seconde un couple de *5520 unités* comme moment.

Cette puissance est largement suffisante pour compenser des déplacements invraisemblables de personnes ou de choses sur un pont bien animé.

Pour rendre cette stabilité absolue et automatique, il suffit de faire courir d'un bout à l'autre du pont un tube de faible diamètre, 2 à 3 centimètres, plein d'eau, terminé par une ampoule de faible dimension pleine d'air à chaque extrémité.

Dès que le ballon perd la parfaite horizontalité, l'un des tubes exerce une augmentation de pression sur l'air de l'ampoule la plus basse, et une diminution de pression à l'autre bout.

Ces variations de pression de *l'air des deux ampoules*, sont instantanément communiquées à un *manomètre spécial* qui met automatiquement en marche les ventilateurs, et cela dans le sens voulu pour compenser la perte de l'horizontalité.

La vitesse des ventilateurs est aussi influencée par la valeur absolue des variations de pression.

Les ventilateurs s'arrêtent spontanément lorsque les dépressions du manomètre différentiel sont nulles.

Cette construction est des plus simples et n'offre aucune difficulté quelconque.

On peut ainsi positivement accepter, grâce à l'action combinée de l'azote et de l'hydrogène, que la réalisation de la stabilité automatique est résolue et cela sans faire appel à aucune complication mécanique quelconque.

Un *appareil double* établi à bord du croiseur apportera à cette condition de premier ordre une sécurité inconnue jusqu'ici en aéronautique.

Dans toute cette installation mécanique de la stabilité automatique, l'hydrogène ne rencontre pas l'air atmosphérique; des dispositions qu'il est inutile de développer ici empêchent totalement la formation de gaz tonnant. L'azote et l'hydrogène sont séparés par des étoffes aussi imperméables que possible, mais l'oxygène est totalement exclu et ne saurait se mélanger à l'hydrogène.

Du rôle prépondérant de l'azote dans la diffusion de l'hydrogène

Après avoir décrit la manière dont *l'azote* permet avec *l'hydrogène* de réaliser simplement la stabilité automatique, nous allons exposer une autre fonction capitale de l'azote dans l'aérostation.

On sait que toutes les enveloppes des dirigeables laissent filtrer l'hydrogène !

Ce gaz subtil se fraye un passage au travers des étoffes les plus hermétiques et où l'œil ou le microscope ne sauraient découvrir les moindres ouvertures.

Le phénomène si complexe de l'endosmose et de l'exosmose du gaz au travers des matières colloïdes est encore un mystère.

A ce sujet il faut savoir proclamer notre parfaite *ignorance*, c'est plus sage que de chercher à tout prix dans ce domaine des explications des plus hypothétiques. Restons en *aux faits*.

Nous savons que nos aliments traversent les parois de notre intestin, *contre la pression sanguine*, sans que l'histologie ait pu révéler les portes d'entrée au travers de tissus qui paraissent étanches !

Nous savons que l'oxygène et l'acide carbonique font chassé-croisé dans l'épaisseur des parois artérielles et veineuses de notre système sanguin pulmonaire !

Par où passent ces gaz ?

L'hydrogène traverse les meilleures étoffes caoutchoutées à raison de *20 à 30 litres d'hydrogène par 24 heures.*

Les meilleures étoffes en laissent passer 13 à 14 litres.

Voilà le fait certain.

Si donc on a un grand croiseur aérien à remplir et à faire voyager, le contact du gaz hydrogène, contenu dans les enveloppes du ballon sera l'occasion d'une diffusion, *non interrompue* pendant un temps fort long.

Examinons les conséquences *immédiates et fâcheuses*, de cette *diffusion sans arrêt* de l'hydrogène au travers des enveloppes du dirigeable.

C'est d'abord un diminution concomitante du *pouvoir ascensionnel* du croiseur.

L'hydrogène passe au travers de la toile caoutchoutée et se sauve dans l'air ambiant.

Pour un ballon de grandes dimensions, contenant 100,000 mètres cubes de gaz, la surface minimale des ballons élémentaires dans le système Zeppelin serait d'environ *30,000 mètres carrés*.

En y ajoutant la surface des ballonnets intérieurs pleins d'air, obligatoires, pour monter à 3,000 mètres on arrive à une surface totale de toile caoutchoutée en contact avec l'hydrogène *égale à 42,000 mètres carrés au minimum*.

De l'autre côté de ces surfaces *il y a partout de l'air atmosphérique*.

Prenons le chiffre de 20 litres d'hydrogène sortant par osmose, par mètre carré et 24 heures.

Chaque jour le dirigeable perdra :

$$42,000^{m^2} \times 20^l = 840,000 = 840^{m^3} \ de \ H^2.$$

Au bout de *20 jours* le dirigeable aura perdu

$$\text{Perte de 20 jours} = 16,800^{m^3}.$$

soit environ le 20 $°/_0$ du volume total.

Les ballonnets d'air seront tellement contaminés par l'hydrogène que le danger *d'explosion* sera intense dès le *troisième jour après le commencement du gonflement.*

Nous ne saurions trop appuyer sur ce fait que dès le début d'un voyage aérien d'un grand croiseur Zeppelin le *danger d'explosion des ballonnets d'air est formidable.*

Il résulte donc de ce fait indéniable et non contesté, que la **diffusion** de l'hydrogène entraîne presque dès le départ deux graves conséquences :

Le pouvoir ascensionnel pour un ballon de 100,000 mètres cubes d'hydrogène est réduit de 20 °/₀ en *20 jours à partir du commencement du gonflement.*

Le danger d'explosion par le gaz tonnant empire dès la première heure du parcours aérien.

Passons maintenant à un croiseur de même capacité, ayant 100,000 mètres cubes d'hydrogène et 45,000 mètres cubes d'azote, dont 15,000 mètres dans l'enveloppe générale et 30,000 mètres cubes dans les ballonnets B B B et B' B' B'.

La surface des ballons A A A d'hydrogène est à peu près celle d'un cylindre ayant 170 mètres de long et 580 mètres carrés de section. La surface en contact avec l'hydrogène de cette enveloppe sera seulement de 13,000 mètres carrés.

Avec les ballons B B B et B' B' B' à 3,000 mètres de hauteur cette surface sera portée à *19,000 mètres*'.

Comptons 20,000 mètres carrés de surface émettant constamment 20 litres d'hydrogène par heure.

Tel sera, dans le croiseur Boerner, l'effet de la diffusion.

Un certain volume d'hydrogène traverse les parois qui l'enserrent et se répand, non pas dans l'air, mais dans l'azote.

Or nous savons, par ce qui précède, que le volume qui chaque jour traversera les 20,000 mètres carrés de surface sera égal à

$$20,000^{m2} \times 20^l = 400^{m3} \text{ par jour.}$$

Au bout de 24 heures le mélange du gaz hydrogène et azote, tant dans l'enveloppe générale que dans les ballonnets B B, B′ B′ sera constitué par

$$45,000^{m3} \text{ d'azote} + 400^{m3} \text{ d'hydrogène.}$$

La teneur en hydrogène de l'azote sera de :

$$\frac{400}{45.000} = 0,88 \text{ %} ; \text{ moins de 1 %}.$$

Après 10 jours de navigation, le pourcentage de l'hydrogène dans le gaz azote sera environ :

Teneur après 10 jours, 8,8 % d'hydrogène.

Ce mélange est absolument *innocent* et incapable de brûler, ni d'exploder.

Tout l'hydrogène qui a filtré dans l'azote conserve son *pouvoir ascensionnel*, quoique mélangé à l'azote ; donc le pouvoir ascensionnel n'a diminué de ce fait que de la diffusion de l'hydrogène au travers de l'*enveloppe générale*.

Les gaz *azote* et *hydrogène* étant mélangés après 10 jours de voyage dans les proportions 8,8 % à 91,2 % la diffusion diminue au prorata de la richesse en hydrogène des gaz.

Donc la diffusion le dixième jour du voyage ne se manifestera que par le passage de

$$35^{m3},200 \text{ d'hydrogène}$$

au dehors de l'enveloppe générale.

Le premier jour de voyage la diffusion laissera passer dans l'air extérieur un volume de

$$20,000^{m2} \times 20^l \times 0,0088 = 3^{m3},520 \text{ d'hydrogène.}$$

Il résulte de cela une conséquence remarquable et absolument évidente, c'est qu'après 10 jours de navigation et une marche normale, la totalité de l'hydrogène qui aura diffusé dans l'air extérieur au travers de l'enveloppe générale sera de :

$$\frac{35^{m3},200 + 3^{m3},520}{2} \times 10 \text{ jours} = \mathbf{194^{m3} \text{ d'hydrogène.}}$$

On peut donc dire qu'après 10 jours de voyage le volume des 100,000 mètres cubes d'hydrogène au départ ne se sera diminué que de 200 mètres cubes, soit d'une *quantité insignifiante* et sans aucune portée pratique ni nuisible dans aucun de ses effets.

L'azote ici, non seulement protège le ballon contre tout danger d'explosion, mais annule totalement l'effet de la diffusion de l'hydrogène au travers des parois des ballons qui le contiennent.

C'est une transformation radicale de l'aéronautique actuelle.

Le voyage aérien peut *continuer sans danger plus de trois mois*, d'autant mieux que la provision de benzine, alimentant les moteurs, se consomme et diminue chaque jour la charge totale du croiseur.

Nous reviendrons plus tard sur ce sujet après avoir parlé des moteurs.

Somme toute, l'introduction de l'azote pur dans la construction des dirigeables a fait entrer leur rendement dans **une voie tout à fait décisive quant à la durée, presqu'invraisemblable de leur voyage aérien.**

CHAPITRE VII

Manière et méthode de tenir la route

Il est certain que pour un dirigeable qui peut monter et descendre de 3000 mètres d'altitude, pour venir jusqu'au sol, aussi souvent qu'il le veut, sans perdre ni lest, ni gaz, les facilités et les sécurités du voyage sont considérablement augmentées et affermies.

En particulier, jour ou nuit il peut faire le point, soit par une échappée sur le ciel découvert qui est presque toujours visible aux grandes hauteurs, soit en le repérant par des contacts visuels pris directement sur le sol.

Ici la faculté de pouvoir à volonté naviguer à toutes les hauteurs permet en plus de chercher les *bonnes couches* dont la vitesse propre est avantageuse pour la ligne que l'on suit.

Il y a fréquemment une ou deux couches d'air séparées par quelques cents mètres et dont les vitesses des courants sont très différentes.

La météorologie a donné de nombreuses méthodes pour observer ces courants et en préciser les directions, la hauteur et la vitesse.

Nous ne pouvons pas les analyser ici, et nous nous contentons de les indiquer.

Avec la photographie on peut prendre une série de clichés et fixer chaque seconde l'image d'un monument, d'un arbre, d'un édifice, d'un point du paysage quelconque au-dessus desquels passe le dirigeable.

On peut en développant ces plaques avoir en quelques minutes *sa vitesse réelle par rapport au sol*, ce qui est un facteur de première importance.

On connaît du même coup aussi la direction par rapports aux points cardinaux.

La vue du sol et la vue des astres se complètent admirablement pour guider le pilote au mieux du trajet.

Une abondante collection de cartes complète, naturellement, les renseignements indispensables.

Tous les calculs, correspondant à cette partie si utile des mesures faites en cours de route, pour préciser la place où l'on est et sa vitesse, sa direction, relèvent de méthodes élémentaires que chaque pilote doit connaître et pratiquer.

En somme un dirigeable, dans les bonnes conditions que nous venons d'exposer, est bien plus à son aise dans ses mouvements *qu'un vaisseau en pleine mer*.

Il vogue dans l'atmosphère et chemine sans craindre la vague ou l'écueil, la hauteur le met à l'abri du danger des chocs de toutes natures.

CHAPITRE VIII

La vitesse absolue du dirigeable

On peut affirmer cette loi : Plus le dirigeable sera grand, long et bien équilibré, plus sa vitesse pourra s'améliorer.

Elle peut être sans aucun doute égale ou supérieure à *30 mètres par seconde* pour un croiseur aérien jaugeant 100,000 mètres cubes d'hydrogène ou au-dessus.

Les chiffres obtenus par les dirigeables Zeppelin sont des démonstrations précises de ces affirmations que nous ne faisons ici qu'enregistrer, car nous ne saurions les développer ni les expliquer dans ce mémoire consacré spécialement à l'azote et à son rôle dans les aérostats.

Le poids utile que peut soulever le croiseur autorise à répartir cette charge d'une façon arbitraire selon les besoins de la cause.

On peut forcer la puissance des moteurs au détriment du nombre de passagers ou de marchandises et correspondances.

Si la vitesse le réclame, le croiseur serait en état avec d'importantes concessions sur les autres chapitres d'atteindre 34 à 36 mètres de vitesse absolue.

N'oublions pas de rappeler ici que le rayon d'action va diminuant avec la puissance des machines, car la consommation de combustible, soit de benzine, épuise vite les stocks qu'il est possible d'emporter.

Pour conserver la vitesse, il faut avoir *plusieurs moteurs* afin de conjurer l'effet déplorable des pannes, accidents de toutes sortes si fréquents lorsqu'on ne dispose que de deux ou trois moteurs.

Nous pensons éliminer ainsi les chances d'arrêt et de retard.

Avec une vitesse de *30 mètres par seconde*, un croiseur aérien traverserait l'Atlantique du Hàvre à New-York en *1 jour et 22 heures 20 minutes* par temps calme.

On voit de suite la possibilité du voyage rapide au travers de l'Atlantique et des mers.

La vitesse est suffisante dans les dimensions adoptées pour assurer la possibilité de marcher utilement contre tous les vents normaux.

La moitié du voyage sera favorisée par un accroissement de vitesse, et l'autre moitié sera retardée sans être arrêtée. Le vent capricieux peut au fond s'utiliser pour un grand nombre de voyages.

En plus, les vents réguliers *peuvent être pour ainsi dire domestiqués ou attelés*, par une sage disposition des retours. On peut les appeler les vents apprivoisés, car ils soufflent selon des règles nettes à la disposition de tous.

On étudiera les vents compris entre 3000 mètres et le sol dans les différents pays pour s'en servir selon des règles définies. Avec une augmentation de connaissances des lois des vents, la vitesse et la sécurité des voyages aériens seront notablement accrues.

Les vitesses moyennes et faibles, utilisées pendant

les vents favorables, permettront des économies de *dépenses de benzine*, sans nuire à l'horaire des voyages, tout en augmentant de ce fait le rayon d'action de tous les dirigeables, en raison directe des connaissances météorologiques acquises et mises en pratique.

Quant aux limites extrêmes de la vitesse qu'on peut espérer avec les grands dirigeables, il est encore impossible de les définir, on peut garantir 30 mètres par seconde en tous cas en se basant sur les *chiffres certains* des randonnées des grands croiseurs marins Zeppelin.

Divers phénomènes limitent la vitesse maximale et sont associés aux exigences du bord.

On peut par une construction spéciale donner la forme d'un *fuseau* au croiseur ; c'est-à-dire diminuer la section du *maître couple* et *allonger l'axe*.

Cette forme excellente en principe ne peut cependant pas *s'exagérer*.

Les conditions de résistances des poutres ajourées métalliques qui constituent l'essence même de la rigidité de la base du dirigeable doivent être d'autant plus puissantes que l'axe est allongé ; par contre *le pouvoir ascensionnel* du ballon *par mètre courant de l'axe* diminue avec la surface du *maître couple*.

On voit tout de suite par cette seule circonstance, que la *valeur limite* pour le fuseau peut aisément se calculer.

A partir d'une dimension, dont les proportions correspondent au minimum d'effet *utile normal*, toute diminution du maître couple se payera par de durs compromis, soit avec le rayon d'action, soit avec le

nombre de passagers ou de marchandises, correspondances que l'on pourra transporter utilement.

On retombera dans les mêmes difficultés subies par
la marine lorsqu'elle donne à ses torpilleurs des
vitesses de trains express.

Le coût du voyage par *tonne utile* passe par un minimum, pour atteindre très vite des prix prohibitifs
lorsqu'on exagère même tant soit peu les dimensions
calculées pour la *normale*.

Avec une *vitesse nulle*, le dirigeable est absolument
comparable à un *ballon sphérique ordinaire*.

Il ne saurait, pour se diriger, utiliser d'autres ressources que celles provenant de ses changements
d'altitude à volonté et des connaissances des vents, de
leur hauteur, vitesse moyenne, etc., etc.

Par contre avec le système Boerner, ce voyage di-
rigé par des *météorologistes* comme pilotes peut durer
trois mois et plus sans escale.

On peut faire du chemin, et cela dans une direction
prévue ; cependant cette navigation, toute scientifique,
présenterait des perturbations et des mécomptes.

Avec une *vitesse exagérée*, on franchira incontestablement les distances avec une rapidité dépassant celle
des aéroplanes moyens, mais la consommation de benzine sera telle qu'au bout de trois jours au plus il faudra atterrir faute de combustible.

Ajoutons encore à cela qu'une *grande vitesse* provoque sur la couverture générale un phénomène curieux
de *plissements en vagues*. Ce sont ces déplacements
oscillatoires, en forme d'*ondes périodiques de l'air* au
contact des frottements des corps, qui font claquer les
drapeaux dont l'étoffe n'est point tendue et n'agit que

par son frottement sur le régime des gaz qu'elle traverse, entraînée par la hampe du drapeau.

Ces vagues prennent une *certaine énergie* avec de grandes vitesses, et il est nécessaire alors de forcer la pression de l'azote qui tient la couverture tendue au-dessus de tous les ballons d'hydrogène.

Cette augmentation de pression comporte toute une série de conséquences immédiates dans la construction, l'arrimage et le poids des éléments constitutifs du dirigeable.

Quoi qu'il en soit, une **vitesse de 30 mètres** est absolument suffisante **pour permettre une réalisation pratique et sûre de la conquête de l'air.**

Chapitre IX

Les moteurs, leur action

Il faut à tout prix, pour un *croiseur aérien normal*, que les moteurs soient tous, à *effort constant* et ne puissent s'arrêter, immobilisés par les *pannes célèbres* à l'origine des automobiles et des canots rapides.

Une condition nécessaire s'impose, il doit y avoir *plusieurs moteurs*.

Ici la discussion sur le choix des moteurs, la puissance de l'unité choisie est impossible, car la construction même des *moteurs pour dirigeables Boerner*, doit prendre en considération des *faits nouveaux*, de la plus grande importance, faits que nous allons examiner.

On sait que les moteurs à benzine doivent leur puissance à l'explosion de *gaz tonnant* que l'on fabrique en mélangeant dans un cylindre et sous le piston moteur une certaine masse gazeuse composée de vapeurs d'hydrocarbures, d'oxygène et d'azote.

On aspire, puis comprime de l'air qui traverse un carburateur recevant à chaque fois quelques gouttes de benzine.

Par le système dit à quatre temps, cette masse de gaz à la fin du troisième temps, est comprimée et une étincelle jaillit dans ce milieu gazeux et l'enflamme au début du quatrième temps.

L'effort mécanique est produit et les gaz après leur combustion sont expulsés au dehors.

Ce système comporte donc à chaque coup une dépense en *benzine* et en *calories* qui est absolument précise pour un effet mécanique prévu.

On peut calculer avec les meilleurs moteurs, quel que soit leur système, qu'il faut environ 2000 calories produites pour récolter par heure *1 cheval vapeur constant.*

Le litre de benzine normale donnant dans le cylindre une *quantité effective* de chaleur correspondant à environ 8000 calories on peut obtenir 4 chevaux vapeur par heure avec 1 litre de benzine qui pèse 780 grammes environ, selon la qualité.

Il est certain que *un litre* de benzine brûlant dans un calorimètre donne *plus de chaleur*, mais les conditions d'inflammation, de combustion des gaz dans les cylindres dont les pistons marchent avec une grande rapidité, sont *déplorables*. Le mélange d'air et d'hydrocarbure n'est jamais tout à fait exact et tantôt il y a trop d'air, tantôt souvent il y en a trop peu.

La quantité totale de calories est donc notablement diminuée par ces causes très difficiles à éliminer.

Nous basant par conséquent sur ces constatations générales et sur les résultats numériques des grands ballons Zeppelin, nous savons pertinemment qu'un croiseur Boerner de 100.000 mètres cubes d'hydrogène, doit posséder des moteurs d'une puissance de 5000 à 6000 chevaux, pour atteindre 32 mètres par seconde *comme vitesse constante en temps calme.*

Prenons tout de suite la dépense extrême.

Fixons le poids de benzine consommée par heure.

Le poids pour une heure de trajet, grande vitesse, sera de 1200 litres de benzine à 780 grammes par litre, soit un poids de *936 kilogrammes de benzine* brûlée par heure de route.

Ainsi à *vitesse normale* par 24 heures de voyage le poids de benzine.à brûler sera de *22,464* kilogrammes. Le chemin parcouru pendant ce temps, si l'air est calme sera de : *2765 kilomètres*.

Ce chemin correspond à peu près à la distance de Paris à St-Pétersbourg, sans escale.

On voit de suite d'après ce premier exemple, que les conditions de bord du croiseur entre le *départ* et *l'arrivée* peuvent être radicalement changées :

1° Un poids de 22,464 kilogrammes de benzine brûlée a allégé le croiseur.

2° Le croiseur ne perdant que 3,5 mètres cubes d'hydrogène le premier jour, aurait une augmentation formidable de pouvoir ascensionnel en arrivant à Pétersbourg s'il est parti de Paris.

Donc, ou bien il faut *perdre de l'hydrogène* dans l'air en ouvrant la soupape et laisser écouler

$$\frac{22,464}{1,2} = 18,720^{m3} \ d'hydrogène.$$

ou bien il est préférable et de beaucoup *de les brûler avec la benzine*.

Il faut donc construire des moteurs *pouvant consommer simultanément de l'hydrogène et des vapeurs d'hydrocarbures*.

Dans les essais déjà fait dans cette direction, on a remarqué que *les mélanges des gaz* dans le cylindre après la compression du troisième temps brûlent mieux, plus vite et plus complètement.

17

La combustion est plus brusque et la pression initiale est supérieure.

L'addition de l'hydrogène réclame un réglage spécial du carburateur et du moment de l'inflammation. Aucune difficulté systématique n'est apparue dans ces moteurs spéciaux, encore inconnus du public.

La combustion de 18,720 mètres cubes de gaz hydrogène fournit une grande quantité de chaleur. Elle se calcule par la formule suivante :

$$18,720^{m^3} \times 2619 \text{ cal. au m}^3 \text{ de } H^2 = 48,977,680 \text{ calories.}$$

Cette quantité de chaleur divisée par 24 heures de marche et par 2000 calories nécessaires pour procurer 1 cheval heure, nous avons ainsi :

$$\frac{48,977,680 \text{ calories}}{24^h \times 2000 \text{ calories}} = 1020 \text{ chevaux-heures.}$$

L'hydrogène brûlé, équivalant par son pouvoir ascensionnel disparu, la perte du poids de la benzine brûlée pendant le même temps procure une plus-value de 1020 chevaux, en outre des 6000 chevaux fournis par la benzine.

Comme le pouvoir des moteurs est limité à *6000 chevaux* on ne brûlera que environ :

18,000^k de benzine par trajet de 24 heures

et

15,900$^{m^3}$ d'hydrogène.

Au départ, sur les 50 tonnes d'effort ascensionnel utile, un poids de 18,000 kilos de benzine doit être prévu pour pouvoir exécuter *à pleine vitesse* de .32 mètres à la seconde un trajet de 2785 kilomètres.

Le ballon restera parfaitement équilibré pendant tout le voyage sans perte ni gain de pouvoir ascensionnel.

Ainsi lorsque le ballon appareille pour partir et que le temps est propice, il pourra convenir de voyager à grande vitesse et de ne remplir les ballons d'air atmosphérique qu'à moitié.

Avec les 15,000 mètres cubes d'air atmosphérique logés dans les ballons C C C, C′C′C′ il ne pourra monter sans perdre ni gaz, ni lest qu'à 1500 mètres, mais dès le départ la combustion d'une partie de la benzine et de l'hydrogène correspondant permettront aux ballons C C C, C′C′C′ de recevoir constamment un supplément d'air atmosphérique équivalant exactement au volume de l'hydrogène brûlé pendant le même temps.

Après 24 heures de route, le dirigeable sera rentré dans les lignes normales régulières.

Si pendant le trajet, ce croiseur aérien devait nécessairement monter à 3000 mètres pour connaître sa route, il devrait alors, sans rémission, perdre son gaz hydrogène qu'il ne saurait loger nulle part.

On a donc toujours le moyen d'apprécier la valeur de la perte en hydrogène possible en opposition avec le fret disponible de *18 tonnes à bord.*

La perte de l'hydrogène ne gêne dans ce cas en rien les manœuvres du bord.

Trajet à faible vitesse, ses avantages

Il est intéressant de comparer le cas précédent, calculé pour une vitesse des moteurs maximale, comparativement à ce que serait la dépense en benzine et hydrogène pour un trajet de même distance avec *vent favorable* faisant 15 mètres à la seconde.

Ce cas est d'autant plus intéressant que les vents d'Ouest venant d'Amérique en Europe au travers de l'Océan Atlantique, caractérisent les meilleures prédictions des bureaux météorologiques et celles dont la réalisation se confirme le plus souvent.

J'ai moi même quitté New-York par grand vent d'Ouest au commencement de 1901 et cette tempête, marchant avec une vitesse moyenne de 19 à 20 mètres par seconde nous a accompagnés pendant sept jours jusqu'au Hâvre.

Dans des conditions atmosphériques semblables, le croiseur aérien, réduisant la vitesse propre à 12 mètres par seconde, aurait traversé les 5000 kilomètres d'eau séparant les extrémités du trajet en 43 heures et 8 minutes environ.

Les dépenses de combustible pour un même croiseur, sont proportionnelles aux cubes des vitesses relatives entre celle de l'air et celle du croiseur.

Dans ce cas le poids de benzine consommée par 24 heures de voyage serait de *2367 kilogrammes*.

L'utilisation rationnelle du vent d'Ouest *économiserait* pour un voyage à grande vitesse, tenant l'horaire du minimum de rapidité, un poids de benzine donné par

$$18,000 - 2367 = \mathbf{15,633^k} \; de \; benzine.$$

Dans le cas où la somme économisée ainsi n'équivaudrait pas aux avantages d'un voyage plus rapide, le croiseur pourrait traverser **l'Atlantique en pleine vitesse dans un laps de 28 à 29 heures, ce qui évidemment serait un record historique.**

Les moteurs pour manœuvres de bord

Pour effectuer les manœuvres de bord on installera à l'avant et à l'arrière une série de moteurs puissants, fixés *sur cadrans mobiles* de telle façon que l'hélice ou les hélices puissent fonctionner dans *toutes les directions*.

Dirigées de haut en bas, ces hélices élèveront le croiseur dans l'air ou au contraire le dirigeront vers le sol sur lequel elle l'appuieront avec une puissance pouvant atteindre *plusieurs tonnes*.

Lorsque le ballon veut atterrir, les hélices *latérales* le font tourner et pivoter à volonté, très rapidement si cela est nécessaire.

Par temps calme et le croiseur arrêté, le gouvernail est sans aucune action quelconque, par contre les hélices provoquent toutes les manœuvres et les accomplissent exactement comme un grand transport obéit au commandant pour l'abordage à un quai.

Grâce à la puissance de ces moteurs, *suspendus à la cardan*, le départ, l'atterrissage, la recherche de la route et en somme toutes les conditions d'équilibre et de stabilité sont contrôlées et soumises, dociles entre les mains du pilote.

Chapitre X

Les manœuvres du bord normales

Le croiseur aérien au moment du départ pour un voyage à grande distance partira dans les conditions suivantes :

Un stock d'essence de 20,000 à 30,000 kilogrammes; poids à préciser *selon les cas* et la longueur du parcours projeté.

Les cartes, les appareils d'observations astronomiques, baromètres enregistreurs, les boussoles, les anémomètres pour mesurer les vitesses relatives du ballon dans l'air, les appareils de photographie, etc., etc., et tout ce qui assure l'alimentation du personnel à bord.

Quelques instants avant le départ, soit par télégrammes, soit surtout par l'emploi des méthodes modernes pour fixer la direction et la hauteur des courants de l'atmosphère superposés jusqu'à 3000 mètres, le pilote décidera de la hauteur à atteindre pour utiliser le courant le plus avantageux pour la rapidité du trajet.

Le pilote estime la vitesse du vent sur terre, il la mesure et commande la vitesse des moteurs pour la compenser exactement.

Il vérifie son équilibre horizontal avant de dire le *lâchez tout*.

Le pilote commande le mouvement ascensionnel par

quatre moteurs, deux à l'avant, deux à l'arrière, les hélices placées horizontalement.

L'ascension s'opère verticalement.

Les ballonnets B B B, B′B′B′ reçoivent immédiatement de l'hydrogène qui se dilate en sortant des ballonnets A A A.

Les ballonnets B et B′ chassent incontinent de l'azote dans les ballonnets C et C′.

Ces ballonnets C, C′ jettent un *volume d'air* au dehors équivalant à la somme des dilatations des masses gazeuses emprisonnées sous l'enveloppe générale.

Le ballon s'élève graduellement, *parfaitement équilibré* et *verticalement* jusqu'à la hauteur précisée par les observations météorologiques d'ensemble faites avant le départ.

Mise en route

Dès que le croiseur est suffisamment haut pour n'avoir plus à craindre aucune collision avec aucun obstacle, l'ordre est donné aux moteurs de *concourir tous* à la *marche en avant* et le trajet commence.

La direction est donnée par le compas, la carte et suivant des repères connus à l'horizon.

On fixe pendant ce trajet la *vitesse absolue* du ballon dirigeable au-dessus du sol.

Nous n'allongerons pas ici ce mémoire par la description des nombreux procédés qui permettent d'estimer rapidement cette vitesse absolue. Elles sont presque toutes basées sur les vitesses angulaires des déplacements enregistrés et commentés de mille façons.

En réglant la vitesse et le travail des moteurs, le pilote fixe l'admission de l'hydrogène dans la juste proportion pour l'équilibre stable du ballon. Des appareils automatiques sont à bord pour assurer un réglage exact et continu du poids du dirigeable.

Arrivée

Lorsque les observations directes permettent de distinguer le lieu de l'atterrissage, le pilote commence par mettre le dirigeable, *pointe au vent.* Il accélère ou diminue la vitesse des moteurs jusqu'au moment où il se trouve verticalement *au repos* au-dessus de la place choisie, c'est-à-dire au moment où les moteurs compensent exactement la vitesse du vent soufflant à cette minute là.

Descente

Les hélices horizontales de l'avant et de l'arrière sont mises en fonctionnement.

L'effort des hélices abaisse le dirigeable, le ramenant vers le sol.

On met en marche les compresseurs d'air qui envoient de l'air dans les ballonnets C et C' pour refouler l'azote dans les ballonnets B et B' et de là faire refouler l'hydrogène dans les ballonnets A A A du centre.

Atterrissage

Le ballon touche le sol à l'arrière sur des roues un peu souples et bien suspendues, et puis touche ensuite de partout sur le sol.

Les hélices appuient vigoureusement le croiseur aérien sur le sol pendant que les gens du bord tendent des amarres spéciales, à ressort, que l'on fixe dans le sol de chaque côté du ballon au moyen de pieux spéciaux.

Si le lieu choisi possède une halle gigantesque pour recevoir le ballon, il est rentré à l'intérieur par un chassis suffisant sur lequel on le fixe à l'arrivée et que l'on pousse à l'intérieur de la grande halle roulant sur rails ou de toute autre manière.

Ravitaillement

On doit pouvoir remplir les réservoirs de benzine et les ballons A A A d'hydrogène si l'on fait un nouveau parcours assez long.

Pour l'azote, on peut conserver le gaz dans les ballons B B B, B' B' B' pendant *plusieurs semaines*, en se contentant de laisser sortir l'excès du volume dû à l'hydrogène diffusé.

On change et renouvelle l'azote en totalité lorsque le pourcentage en hydrogène est au-dessus de 30 %.

Cette protection contre le feu et contre la perte d'hydrogène est une des grandes choses, un immense progrès dans la nouvelle aérostation moderne.

Les manœuvres pendant l'orage et les ouragans

Supposons que le croiseur aérien s'approche pendant sa course d'un *centre orageux*.

Que devra-t-il faire comme manœuvres pour se protéger, se garantir à chaque instant et cependant pour tenir la route désignée ?

Voici une analyse rapide des différents cas qui peuvent se présenter :

Orage ordinaire simple. — Les cartes météorologiques font connaître la *direction ordinaire* des orages dans les différentes régions des pays habités.

Cette indication donne déjà un diagnostic assez probable sur l'*orientation* que prendra l'orage, pendant son développement.

Avec la libre disposition de 3000 mètres, le croiseur peut fouiller l'horizon et se rendre compte de la qualité de l'orage qui le menace.

Si l'on constate partout un *état orageux*, il faut prendre la ligne *médiane* entre deux orages concomitants et utiliser la vitesse pour devancer ou franchir la passe nuageuse.

On sait que ces orages présentent toujours une *faible largeur* dans laquelle le vent est violent.

Par une bonne observation de l'ensemble des symptômes, le pilote peut éviter le centre de l'agitation atmosphérique.

Orage en forme de trombes. — Ces orages, que l'on rencontre rarement, sont accompagnés souvent de trombes à mouvement giratoires très puissants.

Jamais ces trombes n'occupent un grand espace et leur puissance ne se manifeste guère qu'entre le niveau de la mer et 2000 à 2500 mètres d'altitude.

Les trombes au-dessus de 2500 mètres n'ont jamais été constatées, ni décrites, ni photographiées.

Le dirigeable peut donc par une ascension simple se soustraire à ces sortes de tourbillons.

Admettons maintenant que plusieurs orages à faible distance les uns des autres tendent à couvrir tout le ciel, les observations faites de ces cas là montrent qu'une *grande pluie* s'établit et diminue l'intensité des vents en proportion de l'étendue de l'orage. C'est un grand mauvais temps qui succède à des orages partiels.

Le dirigeable navigue en toute sécurité dans ces nuages de pluie.

Cyclones. — On constate, surtout sous les tropiques, des ouragans circulaires nommés cyclones, qui couvrent généralement 150 à 200 kilomètres, quelquefois 400 kilomètres par leur diamètre principal.

Ces bouleversements atmosphériques sont les plus terribles de tous.

Au centre du cyclone, il y a une *zône de calme*, tout autour le vent tournera circulairement avec des vitesses extrêmes.

Le cyclone se déplace tout entier selon des lois assez complexes, et ce déplacement, *connu* en direction, on prévoit d'un façon précise où se trouvent les portions du cyclone appelées *dangereuses* par opposition aux sections dites *maniables*, situées à l'extrémité du diamètre traversant de part en part le cyclone.

Lorsque le dirigeable se trouve en présence d'un pareil bouleversement de l'atmosphère, il doit à grande vitesse s'en écarter. En ajoutant sa propre vitesse à celle de l'air où il navigue, il augmentera toujours la distance qui le sépare des portions dangereuses.

Le pire serait de devoir contourner cet immense tourbillon et perdre par ce fait du temps dans l'accomplissement de son voyage.

En somme, quel que soit le vent, et la rapidité des rafales, le ballon peut toujours en conservant une parfaite stabilité horizontale, cheminer avec le courant, les moteurs arrêtés, ou s'écarter du point occupé pour en gagner un autre où la tempête sévit avec moins d'énergie et où le calme peut lui permettre de reprendre utilement sa route.

La perte de temps et un parcours plus long, telles sont les influences diverses qui grèveront l'économie du voyage aérien troublé par une *forte perturbation atmosphérique générale.*

Les brusques changements de température

On a reconnu qu'un des grands dangers que courent les dirigeables provient des changements brusques de température des couches d'air traversées par le ballon.

Voici en quoi ce danger consiste :

Le croiseur flotte, en été supposons, dans des couches d'air ayant 20° de température.

Brusquement il traverse des couches d'air qui venant d'un orage ou d'une montagne voisine présentent tout-à-coup une température de + 5°, soit 15° de différence.

Comme l'hydrogène est fortement protégé par sa double enveloppe, il conserve sa température presque constante.

La différence du poids de l'air déplacé par le volume du ballon entre les deux régimes est très grande.

Cette différence atteint pour 15° environ 7500 kilos.

Le ballon serait porté dans les nues avec une grande vitesse et dans *l'état actuel*, les Zeppelin sont obligés de lâcher du gaz en quantité pour ne pas avoir d'explosion d'enveloppes, non pas par le feu, mais par suite de la distension des tissus dépassant leur résistance.

Alors le ballon est déjà très haut, étant monté excessivement vite.

La couche d'air froide est traversée et le ballon se retrouve dans les couches d'air relativement chaudes + 15° à + 20°.

Un phénomène inverse se produit :

Les gaz échappés du ballon créent dans cet air chaud *un déficit* et c'est alors une chute vertigineuse provenant d'une force constante de *5 à 6 mille kilogrammes* l'attirant vers le sol.

A tout prix il faut jeter du lest, ou sans cela le ballon va s'effondrer à terre.

La catastrophe d'un grand Zeppelin qui survint dans la forêt de Teutoburg n'eût pas d'autres causes.

Entrant dans un nuage de neige et d'air très froid, le ballon s'éleva subitement à plus de 2000 mètres d'altitude perdant du gaz par les soupapes de tous les ballons d'hydrogène, ouvertes afin d'arrêter cette ascension forcée et vertigineuse.

Peu de temps après, rentrant dans l'atmosphère non troublée et relativement chaude, la chûte de ce ballon ne put être arrêtée malgré l'abandon de tout le lest et d'une foule d'objets et d'accessoires que l'on jeta des nacelles.

Un brave mécanicien, juste avant le choc, se jeta lui-même de la nacelle pour diminuer le poids.

Le dirigeable tomba sur un grand arbre de la forêt et s'éventra totalement.

Avec le nouveau ballon Boerner à *azote* et à *trois chambres* ce malheur est aisément conjuré.

Il suffit au pilote de donner de la vitesse au croiseur et de diriger son avant un peu vers la terre.

La poussée oblique de l'air sur la surface du plan général du ballon produit une composante verticale qui peut facilement atteindre *20 tonnes* et compenser aussi bien la poussée verticale due à l'air froid, qu'une poussée inverse, laquelle appuierait sur le ballon si celui-ci passait brusquement dans une couche d'air chaude par rapport à celle d'où il sort, après y avoir navigué un temps un peu long.

Il suffit alors de diriger la pointe avant du dirigeable vers le haut au-dessus de l'horizontale. Ainsi donc on ne constatera qu'un léger retard dans la marche du ballon, car cette poussée oblique réagira par la composante horizontale pour annuler une partie de l'effort des hélices.

On ne perdra *ni azote, ni hydrogène, ni lest.*

Cet accident est assez fréquent; l'an dernier en octobre 1913, quelques jours avant l'affreuse catastrophe de Johannisthal du 17 octobre, un grand Zeppelin s'emballa vers les hautes altitudes, et s'effondrait lamentablement dans la mer près de Helgoland. Son équipage y perdit la vie presqu'au complet.

En moins d'un mois, l'air froid d'une part et le feu de l'autre ont détruit deux grands Zeppelins.

L'azote protège avec sécurité les croiseurs aériens contre tous les incidents nombreux des voyages au long cours.

Chapitre XI

La rentabilité du dirigeable à azote et à trois chambres

Comme nous l'avons dit dans l'exposé des conditions fondamentales du début de ce mémoire, il faut qu'un croiseur aérien ne conduise pas ses bailleurs de fonds à la faillite.

Il faut absolument que le trafic qui peut s'établir par les airs, paye de gros bénéfices aux hommes hardis et intelligents qui oseront risquer leurs fonds dans cette entreprise.

Nous allons démontrer surabondamment que cette condition est absolument remplie.

En effet il ressort de calculs précis et indiscutables, soit par la construction des Zeppelin qui, dans cette catégorie de faits, nous apportent encore d'importantes bases expérimentales, soit par l'étude des moteurs, des enveloppes, des alliages de l'aluminium, du prix des gaz hydrogène, azote, etc., etc., que le *prix total* d'un grand croiseur Boerner armé pour un long voyage aérien, avec tous ces agrès ne dépasse pas la somme totale de fr. 3,500,000 (trois millions cinq cent mille francs).

Ce prix établi avec toute la précision possible est un maximum.

Admettant que le voyage consiste à traverser l'Océan

du Hâvre ou de Paris à New-York, soit 5500 kilomètres, les provisions en benzine doivent permettre de
marcher pendant environ 50 à 60 heures sans arrêt.

La dépense en benzine en marche normale sera de
30 à 35 tonnes par *voyage moyen* de deux à trois jours
de durée.

Les frais de personnel, 50 personnes payées à l'année
seront rapportés à *une semaine* par voyage moyen.

On trouve dépense annelle *260,000 fr. de personnel.*

Par semaine *5200 francs.*

Les dépenses en nourriture et frais divers pour 250
passagers et sept jours pour le personnel montent à la
somme de :

4000 francs = frais de nourriture.

Les frais généraux et intérêts du capital engagé
peuvent s'estimer à :

350.000 francs par an,

soit

7000 francs par semaine.

Un voyage en moyenne coûtera donc tous frais compris environ, en additionnant pour *une semaine pleine*
les frais d'un voyage estimé à trois jours de durée :

1° Benzine.	Fr.	18,000.—
2° Personnel complet . . .	»	5,200.—
3° Nourriture	»	4,000.—
4° Frais généraux totaux .	»	7,000.—
Dépenses par voyage .	Fr.	34,000.—

Quant aux recettes, admettant le prix de 1500 fr.
par passager, et de 5 fr. par kilogramme de lettres.

Les recettes probables par voyages sont :

1° Recettes de billets de passagers . Fr. 375,000.—
2°   — de 10 tonnes de corresp. » 50,000.—

Total. . . . Fr. 425,000.—

Les bénéfices d'un voyage peuvent donc s'estimer pour une traversée moyenne avec un grand croiseur Boerner à la valeur suivante :

Total des recettes . . . Fr. 425,000.—
— des dépenses . . » 34,200.—

Bénéfice possible Fr. 390,800.—

Si un croiseur effectue 35 voyages par an, ce qui n'a rien d'excessif, le ballon rapportera par an :

$$35 \times 390,000 = 13,650,000 \text{ francs.}$$

On peut donc espérer voir amortir totalement le capital initial plus de *trois fois par an.*

Cette perspective est donc rassurante et l'on peut sans erreur associer la *certitude de gros bénéfices* à la construction et à l'exploitation d'un grand croiseur Boerner réalisant pratiquement les huit conditions fondamentales imposées.

La solution pratique de la construction *dans les moindres détails* d'un semblable croiseur est obligatoire et ne sera pas immédiate, mais aucune raison plausible n'intervient pour considérer cette possibilité comme téméraire.

Cette considération suffit pleinement pour notre thèse.

Si l'on calcule les bénéfices réalisables par un grand croiseur allant de Paris à Londres, environ 600 kilomètres, les bénéfices augmentent encore car le

18

poids de benzine diminue, le nombre de passagers augmente ainsi que le nombre des voyages possibles.

Il est inutile ici d'insister davantage sur la rentabilité des croiseurs assurant *en grand* les communications entre les capitales par la voie des airs, la plus courte, la plus rapide, la plus sûre !

Chapitre XII

Conditions générales

Nous venons d'examiner attentivement l'influence du rôle de *l'azote* dans la conquête de l'air.

Nous avons démontré :

1° Que les dangers d'explosion sont complètement écartés du croiseur aérien durant tout son voyage.

2° Que la *stabilité automatique* est assurée par les déplacements gazeux de *l'azote* et de *l'hydrogène* et cela d'une façon *intense* et *rapide*.

3° Que grâce au rôle de l'azote on peut *monter* et redescendre aussi haut qu'on le désire *sans perdre ni gaz, ni lest*.

4° Que l'emploi de l'azote comme enveloppe générale de l'hydrogène *supprime radicalement les effets nuisibles de l'endosmose* du gaz et des pertes impossibles à éviter du pouvoir ascensionnel dans les dirigeables actuels.

5° Que par le système à *trois chambres* associé à l'azote on possède la rigidité constante de l'enveloppe en contact avec l'air pendant la marche.

6° Que grâce à ce système nouveau, on brûle de l'hydrogène pendant le voyage aérien et qu'ainsi par une juste proportion de l'hydrogène et de la benzine brûlés on conserve un pouvoir ascensionnel constant pendant tout le voyage.

7° Enfin, que dans le nouveau système Boerner les

huit conditions fondamentales imposées *pour la conquête de l'air*, sont totalement remplies !

Il est évident que loin de nous est la pensée que l'on peut *dès le prime abord* accomplir avec une totale perfection un *croiseur aérien*. La construction nécessite de nombreuses mises au point, et beaucoup d'importantes discussions numériques pour fixer les dimensions de chaque chose.

Ce que nous avons voulu établir dans cette étude très courte c'est l'extraordinaire enchaînement des conséquences immédiates découlant spontanément de l'emploi de *l'azote chimiquement pur* dans un grand dirigeable moderne.

Toutes les valeurs numériques se déduisent par extrapolations naturelles et autorisées des expériences diverses faites en tous pays, mais surtout par le Comte Zeppelin, avec les grands dirigeables qui ont ouvert incontestablement la voie aux nouvelles idées.

Nous ne saurions répéter suffisamment quel rôle important jouent ces grandioses randonnées, exécutées ces derniers temps, par les Z. de 1 à 7. Même celles suivies de *catastrophes* aux sinistres enseignements.

Il est juste de ne pas l'oublier.

Si l'on exécute un grand dirigeable Boerner avec son enveloppe à l'azote gazeux chimiquement pur, on a le droit d'entrevoir, nullement comme une utopie, mais comme une *réalisation nécessaire, les communications des hommes assurées par la voie aérienne.*

C'est la voie *la plus directe*, puisqu'elle peut être rectiligne.

C'est la voie *la plus rapide*, puisqu'outre la vitesse propre du dirigeable, l'étude des vents peut les rendre presque chaque fois *utiles* en accroissant la vitesse moyenne des voyages.

C'est la voie *la plus sûre*, puisque dans l'air, se promenant à toutes les hauteurs, *la sécurité, la stabilité* du dirigeable *est assurée*, même si les vents qui l'entourent et l'emmènent soufflaient en tempête et en ouragan.

C'est la voie *la plus économique* puisque la *propulsion mécanique dans l'air*, ne coûte ni établissement de voie, ni entretien, et qu'elle s'exécute avec le minimum d'effort et les moteurs les plus économiques.

Enfin c'est la voie *la plus durable pour un voyage* puisqu'un ballon nouveau style, peut rester presqu'indéfiniment en l'air, l'influence de la diffusion de l'hydrogène étant totalement paralysée par l'emploi rationnel de l'azote gazeux.

Ce bilan tient complètement nos affirmations du commencement de cette étude.

Sans *azote chimiquement pur et bon marché*, pas de solution réelle de la conquête de l'air.

Avec l'hydrogène pur et l'azote pur nous avons le droit de dire :

Une ère nouvelle, riche de promesses et d'applications, s'ouvre devant nous et permet d'entrevoir une réalisation absolue de ce problème économique, un des plus importants qui soient à l'heure actuelle.

L'avenir financier de cette entreprise est tellement tentant que même dans cette direction terre à terre *l'azote*, joue un rôle essentiel !

C'est donc avec une grande confiance que nous envisageons l'avenir.

L'étude scientifique aura ainsi porté ses fruits, en rapprochant les hommes, en leur permettant de se voir plus souvent, de se connaître et de se donner la main.

Chapitre XIII

Le rôle du dirigeable Boerner en temps
de guerre
Le ballon de la paix

Un dirigeable marchant vite, résistant, ne craignant ni feu, ni tonnerre, ni orage et porteur de passagers, de correspondances entre tous les pays et les nations, au-dessus des mers et des Océans, c'est le dernier cri de la civilisation dans son sens le plus élevé.

Son rôle dans les progrès du commerce et des échanges n'est pas difficile à concevoir et chacun en comprend la portée.

Que doit-on attendre d'un pareil dirigeable en temps de guerre?

Quelle sera son importance stratégique à l'attaque et à la défense ?

Hélas, tant que l'humanité conservera *des armées,* tant que la devise internationale sera : *place aux forts !* *la Force prime le Droit,* le sang coulera pour trancher les questions graves des conflits politiques ! La guerre et le canon sont appelés comme tribunal et comme juges.

Les Romains de la belle époque nous ont transmis l'adage : « *Cèdant arma togoe !* » mais cette maxime, en guise de conseil platonique, est restée dans les cartons, dans les musées à titre de document précieux conservé à l'ombre, et... sans usage pratique.

J'ai souvenance du *Procès de l'Alabama* ! lorsqu'à Genève en 1864 ! on sortit le précieux conseil latin et que l'on s'en servit officiellement pour la première fois, au plus grand bien des pays intéressés et des amis de la paix !

Plus tard on créa internationalement *le Tribunal de la Haye* !

Mais comme par une gageure malheureuse et maligne, sitôt ce tribunal constitué, les guerres se succédèrent sans interruption ! On ne parlait plus de la Haye ni dans les prolégomènes des disputes, ni pendant les combats ; les armistices mêmes se sont conclus par les belligérants sans laisser apparaître une robe de juge, c'est Lausanne qui signe la paix Italo-Turque, c'est Londres qui arrête et règlemente la guerre des Balkans !

Pourquoi cet arrêt subit et complet des progrès apparents dans la jurisprudence politique internationale ?

Uniquement et seulement parce que le tribunal de la Haye n'apportait avec ses oracles et ses sentences *aucune sanction* !

La Haye parle, on ne veut pas écouter, car on veut se battre ; donc il est préférable, plus poli de ne rien demander à La Haye ! C'est là le simple motif du silence irrévérencieux dans sa franchise qu'ont gardé tous les pays de l'Europe sans exception de 1864 à nos jours, au travers des nombreux conflits que ce tribunal aurait eu à trancher en évitant la mort de tant de milliers de braves soldats fauchés en pleine jeunesse !

N'insistons pas ; pour se faire entendre la voix de la

paix doit pouvoir parler *haut* et *fort*. Alors, mais seulement alors, on essaiera de devenir vertueux *par force, par obligation* !

Exemples : La vie dans le désert serait impossible si les tentes restaient fermées à la caravane en détresse qui passe... alors l'Arabe est devenu *hospitalier* par égoïsme *d'abord*, pour s'assurer une vie moins périlleuse et par *hérédité* ensuite, exemple général d'une longue suite de générations !

Les *Norvégiens* sont d'une honnêteté légendaire ! Leur pays est habité par une population restreinte et clairsemée. Son immense territoire montagneux et coupé de rivières, de fiords, de glaciers ne permet pas le fonctionnement régulier de la police ! Le gendarme serait absolument impuissant ! Alors, se groupant autour des principes de respect de la propriété, seuls capables d'assurer une vie paisible et sûre, les habitants ont consacré leurs efforts dans l'éducation de la race et ont constitué lentement un *peuple honnête*.

En 1890, à Bergen, j'ai vu flotter sur la prison de cette importante cité *le drapeau blanc*, devenu gris après quinze années d'exposition sans défaillance !

L'honnêteté, condition obligatoire, pratiquée pendant des siècles est devenue *une vertu*.

Les tortures ont été peu à peu supprimées, les mœurs se sont adoucies, la *charité* est devenue elle aussi plus répandue. On constate toujours la marche en avant du *bien* par une adaptation plus logique, plus pratique des moyens dont on se sert pour la recherche *du bonheur*.

Plus le *moyen s'impose*, plus vite l'homme en l'adoptant devient *vertueux* !

Alors *le rôle du dirigeable s'impose ici* !

C'est la deuxième thèse que nous allons soutenir.

Imaginons un dirigeable Boerner *armé en guerre* !

Cet instrument de destruction portera jusqu'à *cinq mille mètres d'altitude* une provision de 50 à 60 tonnes d'explosibles, d'obus, de poudres, de *feu grégeois* et la nuit, invulnérable, invisible au-dessus des capitales, laissera tomber à coup sûr ces engins de ruine et d'incendie, semant la mort, la désolation dans le pays en pleine catastrophe où l'on comptera par centaines et par milliers les morts, les mourants, les vaincus !

Ce dirigeable plus rapide que l'aigle, plus terrible que les torpilles sous-marines échappe à toute attaque tant par sa vitesse que par l'altitude qui lui sert de refuge.

Il surplombe les flottes, frappe les dreadnoughts sur le pont, les pulvérise, comme il peut anéantir dans une simple promenade, forts, bastions, poudrières, casernes et tout édifice protégeant les assiégés !

La lutte est inégale, car toutes les villes sont à la merci de ce vautour gigantesque, opérant dans les nuages sans aucune inquiétude et pouvant librement se ravitailler en utilisant ses moyens spéciaux d'ascension et de descente.

Un ballon dirigeable de grandes dimensions est capable *d'imposer la volonté* de La Haye, si cet engin de destruction est à l'unique disposition du *tribunal de la Paix* !

Or la France, qui depuis toujours, s'est mise à la tête de toutes les grandes choses dans le progrès humanitaire est toute désignée pour faire admettre cette sanction ! aussi imprévue qu'indiscutable ! Que la France réunisse toutes les nations, dites civilisées, qu'elle fasse admettre le principe de la *sanction obligatoire*, donnant force de loi aux *arrêts pacifiques* !

Que la France donne donc à La Haye ce qui lui manque en plaidant avec sa voix autorisée ce procès vertueux !

Que la France charge un autre petit pays, la Suisse par exemple, en souvenir de l'Alabama, de construire, d'armer et de tenir à la disponibilité du tribunal arbitral le *Croiseur de la Paix* qui, probablement, même du port du *Lac Léman*, sera plus écouté sans prendre l'air que les *décisions des Congrès européens*, protocolairement communiquées à toutes les puissances.

Cedant arma togœ ! sera d'abord un conseil de sagesse et de prudence, mais peu à peu la voix de la raison accompagnant celle de *la peur* et d'une *salutaire crainte* transformera après quelques générations ce sentiment en celui de *justice évidente*, d'économie sociale amenant *l'équilibre des budgets*, et la vertu trouvera une fois encore une place marquée dans les mœurs des nations enfin civilisées !

Si le rôle de *l'azote chimiquement pur* est obligatoire dans le dirigeable rationnel qui est le dernier progrès du commerce, il est aussi merveilleux qu'il devienne un levier de premier ordre pour forcer les peuples à désarmer, à se connaître mieux, à aimer la paix et à la rendre obligatoire jusque aux limites extrêmes des continents et des mers !

Puisse ce beau rêve devenir chose vécue.

RAOUL PICTET.

TABLE DES MATIÈRES

Portrait de M. Raoul Pictet

Ce portrait a été obtenu par un cliché photographique de la Maison Boissonnas de Genève.

Ce cliché a été fait à la lumière à l'oxygène avec pose instantanée.

La reproduction et l'impression de ce cliché résultent de la colloboration de la *Gesellschaft für flüssige Gase Raoul Pictet & Cⁱᵉ*, de Berlin, de M. Schilling, son contremaître, et de la Société Générale d'Imprimerie, de Genève.

L'encre qui a servi à la publication totale du volume et du portrait, provient du procédé pour l'obtention de l'hydrogène par la décomposition des hydrocarbures et a été fabriquée dans le Laboratoire de la Société berlinoise.

Première Partie

L'OXYGÈNE ET SES EMPLOIS INDUSTRIELS

Nouveau procédé pour la fabrication continue du gaz à l'eau

DEUXIÈME PARTIE

DU ROLE DE L'AZOTE PUR
DANS L'INDUSTRIE CONTEMPORAINE

Pl. 1

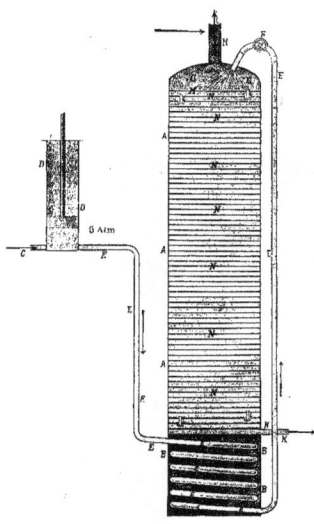

Fig. 1. — Ancien procédé pour extraire l'oxygène

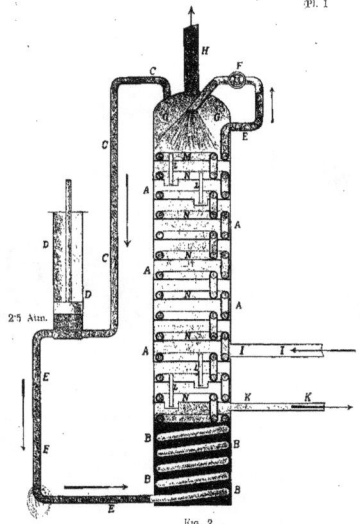

Fig. 2

Nouveau procédé du professeur Raoul Pictet pour extraire l'oxygène

Pl. II

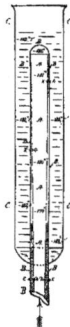

Fig. 3

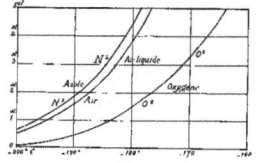

Fig. 4

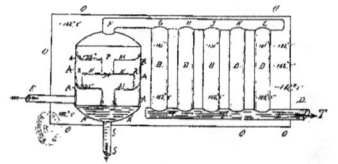

Fig. 5

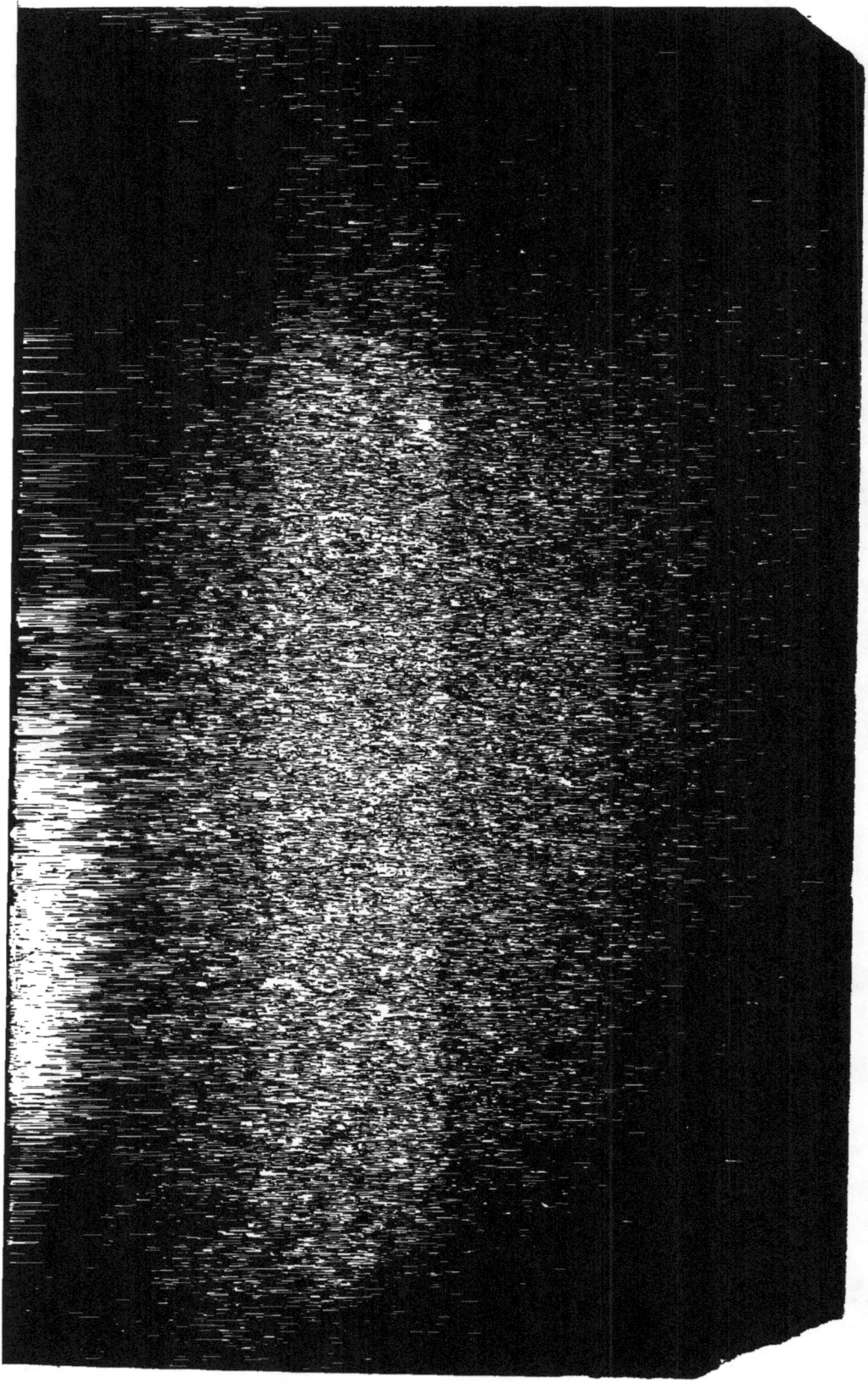

www.ingramcontent.com/pod-product-compliance
Lightning Source LLC
Chambersburg PA
CBHW070237200326
41518CB00010B/1596